**許毓仁** TEDxTaipei 創辦人——策畫
**宋怡慧**——採訪撰文

# 說個好故事，讓世界記住你！

**TEDxTaipei 行動夢想家
教你用8分鐘散播好點子，
改變全世界！**

• Discover • Technology • Entertainment • Design • Innovation • Sharing

推薦序——

# 點亮台灣的常民英雄

國立交通大學建築研究所教授
建築人、教育者、美學志工
張基義

我們每天打開智慧型手機，隨時隨地與他人串聯與世界溝通。我們開始找尋日常美景拍照分享，記錄當下的心情與生活的小故事。網路上一張照片牽動我們的心，一則小故事改變我們的想法。網路時代政治人物、企業家、運動選手、明星之外，台灣還有更多在教育、防災、食品安全、用藥安全、社會關懷、醫療危機等各種領域的常民英雄，他們在日常的每一個角落認真奉獻點亮台灣。

許毓仁Jason與他的團隊在台灣開啟了TEDxTaipei 的奇幻之旅，建構網路時代屬於台灣的聚眾平台，分享的方式從二〇〇九年名人講堂到二〇一三年大眾開講OPEN MIC，多年下來為網路世界建構了台灣的人才知識庫。Jason這位永遠陽光熱情的大男孩，本身就有太多動人的故事，人生每個階段都無比精采。我永遠記得二〇一四年跨年夜他來台東找我長聊，隔天清晨我們騎腳踏車至空無一人的活水湖，深刻體悟無論在什麼位置、經歷任何波瀾，堅持信念勿忘初衷是人生前進的最大動力。欣聞他被提名當立委，我極樂觀地認為他在完全不同的公眾平台上，必定可以創造更大不同的價值。在媒體上也看到他熱情投入數位經濟基本法的制定與支持婚姻平權，樹立台灣當代政治自由派的新典範。

諾貝爾和平獎的最年輕得主馬拉拉（Malala yoursafzai）是一位平凡的學生，面對著槍口卻依然說出：「我要為這些不能上學的小孩發聲！」她分享「一個孩子，一個老師，一本書，一支筆可以改變世界。」她的故事勝過任何軍事武力。二〇一〇年《時代雜誌》年度最具影響力時代百大人物陳樹菊是一位台東中央市場平凡的菜販，默默捐款幫助兒童孤兒以及建立圖書館，二〇一二年榮獲麥格塞塞獎，她在頒獎典禮後宣布將獎金再度捐出。「一個人，能為世界做什麼？這問題我從沒想過，只是拚命做而已。」她的慈善故事勝過任何富商巨賈的善舉。《說個好故事，讓世界記住你！》中十位素人十個生命故事，他們以簡短八分鐘站上TEDxTaipei的舞台上分享，透過網路分享觸及數百萬點閱瀏覽，我們感受到這股正向寧靜的感染力正在貫穿你我、點亮台灣。我們可以關掉電視少看報紙，但是智慧手機轉傳過來八分鐘的影片同時改變講者與受眾的一生。

《說個好故事，讓世界記住你！》書中進一步深入十位素人八分鐘以外的幕後故事，彰顯發揚眾多平凡人的生命故事，書寫人性之善傳遞美好的社會價值。向「沒有」借東西的許榮宏，相信有人的地方就有故事的陸育克，發動自己牛奶自己救的龔建嘉，創新做法引領防災的蔡宗翰，更生少年天使的張進益，開創街頭社會企業的朱冠蓁，翻轉用藥安全的張申朋，白袍文青走入人群的陳畊仲，推動南迴醫院的徐超斌，勇敢追求表演夢想的潘奕如。台灣最美的風景是人，《說個好故事，讓世界記住你！》散發著無與倫比的魅力與活力。這十位常民英雄彰顯平凡的偉大，在平凡的生命軌跡中以無比的熱情與意志力，相信我們可以改變世界，讓它成為一個更好的地方，關鍵就在自己的手裡。

序——

# 像一把火炬照亮被遺忘的角落，有溫度的精采素人

許毓仁

自二〇〇九年創辦TEDxTaipei以來，就一直承襲著TED的精神，以十八分鐘的演講分享「改變世界」的想法，每年按照主題挑選合適的講者分享，這樣一個「策展」（curate）的概念，確保品質與內容精準。然而，總是覺得有遺珠之憾，心裡面總是想著在社會的某個角落還有聲音沒被聽見，而TEDxTaipei應該像一把火炬照亮被遺忘的角落。回想自己創辦TEDxTaipei的初衷，就是「尋找故事、記錄故事」和幫助別人「說故事」。而我會喜歡故事，是從小時候被奶奶帶大影響起。

我生長在高雄的六合夜市，母親在夜市從事美容工作，父親做房地產。小時候父母親工作非常忙碌，我是由奶奶帶大的。我對台灣農業社會的淳樸是從

奶奶身上認識的，她總是告訴我在農村裡沒有人會餓死，只是多一雙筷子。我在奶奶描繪的農村社會印象中度過童年，那時還是一個青黃不接的年代，台灣經濟正要起飛，路上開始有自用車，家家戶戶有彩色電視機，而我們家還是過著辛苦的日子，奶奶早上推著菜車在我玩耍的巷子裡叫賣著青菜和豆腐。

奶奶在我大學時去世，我感覺到不只是一個愛我的親人離開，更是台灣社會美好的一部分從我身上離開、故事也從我身上離開，自此之後我開始記錄故事。每次回去高雄老家就帶著數位相機（當時還沒有智慧型手機）記錄鄰居長輩的故事，那時候我知道，我想用數位的方式把這個時代的故事記錄下來。

為了尋找各個角落的故事，二〇一二年開始，我陸續實驗了Rising Star（未來之星），二〇一三年擴大舉辦素人開講（OPEN MIC），海選「好的點子」到TEDxTaipei年會上來分享，每位參選者透過兩分鐘和十張投影片來訴說「改變世界」的好點子。素人開講的反應出奇得好，短時間內湧入上百封信件，而要在這些參賽者中選擇是困難的，經過初選、決選，最後選出六位，每一位在TEDxTaipei年會的舞台上分享八分鐘。

為什麼是八分鐘？為了能在八分鐘有效地溝通想法，講者必須捨棄許多枝節，用減去法把演講去蕪存菁，只留下精華，用最精簡的語言傳遞出來。這樣的演講困難度極高，每位講者在時間限制內還要保持生動活潑的內容。因為是海選，所有的想法來自各地，有創業家、教育者、設計師、老師、溜溜球選手、同志運動倡議者、農夫、獸醫、消防員、藥劑師、醫師、漫畫家……等等。

這些素人的故事貼近生活，有土地的溫度，甚至於比十八分鐘的大師開講都還要精采。的確，在TEDxTaipei年會的場合，素人開講的session總是最賺人熱淚。

從二〇一二到二〇一六年素人開講也辦了四屆，進入到決賽的大約有六十個，上台演講八分鐘的大約二十個，這些有精采故事的「素人們」彼此變成了好朋友，他們在線上談論夢想，線下繼續聚會，他們的生命因為這個八分鐘而串聯起來。在二〇一三年的TEDxTaipei年會，有一位素人「火星爺爺許榮宏」，他用八分鐘的演講「向沒有借東西」，迅速在網路上竄紅，在數週內累積將近五十萬人次的點閱率。

一個好的演講不在乎長短，一個精采的生活在於發揮多大的影響力。

或許，有一天我回頭來看，真正感動我的不是大師的成功學，而是素人的生命精采與淬鍊，你和我都在其中，如果你有八分鐘，你要對世界說什麼故事？

※本書部分版稅捐給Tedx Taipei。

序——

# 改變就從現在開始吧！

宋怡慧

波蘭導演奇士勞斯基（Krzysztof Kieslowski）曾經說過：「人在某一時間、某種機遇下的抉擇，將改變他的一生。」十位素人曾大隱隱於市，在對的時間，參與TEDxTaipei策劃的素人開講（OPEN MIC）活動，不只成為引領台灣社會向上的彷彿若有光，也成為翻轉社會價值的夢想行動家。

許毓仁是讓十位素人成為馳騁千里的伯樂，人生不設限的Jason，自己的人生也像一部傳奇故事，走進他恍若置身在一座寶山之中，細細閱讀，絕不會讓你空手而返。

在茫茫人海中，他尋到為理想執著無悔的十位素人，讓他們在以科技、娛樂、設計為核心的TED講台，將構想變成實際行動，與觀眾分享自己的人生故事。

十位素人的演講模式以說故事為主軸，輔用影像、數據、簡報來搭配，生動活潑、豐富有趣的口語表達，讓觀眾瀰漫在渲染力十足的氛圍裡，台下綻不完的笑容，溢不盡的熱情，因為講者的款款深情與翩翩身影而折服，找到改變社會的共同價值。

記載這卷以愛為行草、以情為扉頁的素人故事，細細勾勒十位素人的生命輪廓，在進行採訪與對話的時間，常常是生命的彷彿若有光。你會發現：勇氣、毅力、善良、堅持都是他們生命豐美的底蘊，他們願意相信自己內在的直覺，跟隨生命咚咚鼓音前進，捍衛世道重要卻快被遺忘的價值。

向「沒有」借東西的火星爺爺許榮宏、孩子故事王的陸育克，兩人擅長以全新的說故事觀點，突破說故事既有的局限，透過說故事展現其生命多彩多姿的風情。救自己的牛奶的龔建嘉，走一條人生百味之路的朱冠蓁，兩人雖然年輕，卻願意主動站出來關懷社會弱勢，為小農、為街友發聲，建構台灣社會更多元的聲音與價值。用愛翻轉迷途生命的張進益、愛在南迴，點亮回家醫療燈火的徐超斌，終其一生，一個為了搭建更生人的希望之家而努力；一個為建立完整的南迴醫療而戰，他們即便孤獨地走在人煙罕至的路上，卻勇敢前行，從未停止帶著希望前進。一定「藥」安全的張申朋、從出走到回歸的口外騎士陳昕仲，前者為藥師，後者為醫師，兩人同樣憂心台灣激烈崩壞的醫療環境，不斷在繁忙的工作時間裡，為台灣醫療孜孜矻矻、奔走努力。破解防災逃生迷思的打火哥蔡宗翰，顛覆既有的逃生迷思，帶給我們最新的求生知識；追夢女伶潘奕如的華麗冒險，用戲劇演繹一段有歡笑有淚水、充滿陽光力量的人生旅程。

台灣不是沒有好故事，只是你不知道。故事打破隔閡，讓公平正義的議題，輕鬆走向生活，進入人群，讓我們感知到熱情真的會傳染，快樂工作真的讓職業變志業。從Jason和十位素人的身上，可以找到他們成功說故事的秘訣。讀者若能在文字中與之同行，無論是說話的邏輯思考、情感流轉，或是建立自己專業品牌的能力，都能提升，甚至可以感染他們奮進的熱情，同步update講者的勇氣，一起成為引領社會潮流的隱形力量。

這不只是一本能激勵人心、啟動夢想的書籍，更是讓你找到說個好故事的好幫手。書末提供的五個說故事的tips與Jason的短文分享，立即能協助你找到說個好故事的要素與技巧，讓全世界都記住你的故事與創意。

此刻，就讓我們和書中的主角翱翔在湛藍美善的蒼穹裡，找到突破逆境、說個好故事的關鍵。

驀然回首，細讀漫捲之間，卷卷故事，卷卷勇氣，是你也是素人的熱血故事。"Nothing will work unless you do."

# 目錄

# 不設限的進擊人生

# 許毓仁 Jasson Hsu

本照片由 LEZS 雜誌拍攝提供。

## 每個選擇都精采

許毓仁的朋友們說起他們眼中的Jason，大抵用熱情洋溢、衝勁十足、創意無限、陽光男孩來描述他。親切如鄰家大哥的許毓仁，回首人生幾個關鍵時期的抉擇時，總相信秉持堅持到底、全力以赴的信念，能為自己找到無比精采的人生。

不管是在《Taiwan News》當翻譯、Nike教育訓練任講師、參與UNESCO在西安的永續經營都市規劃、與朋友在舊金山的車庫創業、創辦「The Big Question Conference」，直至二〇〇九年獲TED總部授權，在台北成立TEDxTaipei，乃至於現在擔任中華民國的立委。許毓仁從未後悔作過的決定，選擇的路，因為自己是一個找故事和說故事的人，相信自己，相信明天會更好，就是人生長廊的彷彿若有光。

一九七八年，Jason出生在陽光燦爛、繚繞人情味的高雄。最令人津津樂道的是，他當兵前遠赴中南美洲，踏上當年古巴革命家切．格瓦拉的步履，行旅在決然孤獨的流浪生活中，找到了人生的意義。人生不是考量決定背後的利益或是成功的機率，而是作了這個決定，置身其中的自己會不會純然的快樂。多彩多姿的工作經驗，接近庶民聲音的體察，恍若生命的沃土，讓許毓仁學會如何扮演好立委的角色，也更能接近百姓真實的需求。

年輕的他，在不設限的人生中，最重要的發想就是替在平凡生活裡奮進的素人，提供OPEN MIC的舞台，讓台灣的美善故事被串接在一起，凝聚成更大的力量，改變台灣，讓他們的聲音、他們的創意能在台灣社會流動，形成一股向上提升的正向力量。

## 從TEDxTaipei到OPEN MIC

許毓仁分享：「TED分別代表的是科技（Technology）、娛樂（Entertainment）、設計（Design）。每位講者用十八分鐘的時間，以說故事的方式，結合社群媒體的力量，形成持續的長尾效應，算是一個跨界的智庫，也是一個對話的平台，更是一個實現ideas的舞台，讓故事或點子的感動延續、讓創意改變世界。二〇〇九年十月十七日，我和夥伴在台北學學文創志業舉行第一次的TEDxTaipei，團隊就朝著以平台記錄華人智慧的軌跡，用新媒體（new media）把台灣的人才知識庫建立起來的目標前進。

「透過大家共同的參與，讓TEDxTaipei聚集許多台灣感人的故事、獨特的想法，也將彼此願意改變的美好信息傳播到世界各個角落，讓更多人可以透過故事的分享更認識台灣，也讓想法接軌世界。」

許毓仁認為：「從二〇〇九到二〇一二年，TEDxTaipei團隊在挑選或邀約講者時，大多以具有指標性、來自不同領域為主，甚至積極透過朋友圈或關注熱門新聞、網路訊息去發掘有想法、創新的主講者。」

他接著說：「不過，若更開放地思考：好的想法是存在這個世界各個角落的，TEDxTaipei不等於名人講堂，若能擴大開設為大眾開講的平台，影響層面與效益是否能更加躍進？一如當年我創辦TEDxTaipei的初衷，就是想讓TEDxTaipei成為照亮台灣每個領域的燈塔，讓好聲音被聽到、好故事被看見，沒有被關注過的無名英雄，可以透過平台把他們足以撼動人心的故事分享出來，尋常生活中，不平凡的事蹟，將是最有潛力改變世界散播而出的種子。」

台灣不缺好故事，不乏好人才，只需要一個共享的平台，讓這些聲音可以變成遍地開花的影響力，形成社群與凝聚共識的驅動力，進一步對台灣社會做些改變，也重新定義台灣在世界上的定位，找出台灣與國際間的互動方式。實際上，有非常多講者所帶來的演講與點子都非常令人驚豔，分享後，受歡迎的與轉載的程度甚至遠超過我們所預期。例如，倒立先生Mr.Candle黃明正以雙手倒立步入會場的演講，讓更多人認識他，因為感動的溫度，讓他能順勢推出《華山千人倒立》攝影計畫。

許毓仁認真地說：「簡單地說故事、聽故事看似簡單，卻是能讓年輕人找到自我價值的重要模式。新一代如何在價值傾頹的未來，找到新的方向？透過分享，參與其中，證明自己的時代自己愛，捍衛自我的價值，說出一個好的故事。」

因此，二〇一二年，許毓仁大膽地提出一個明日之星Rising Stars的策展，主題是「從現在預約你的大未來」。他和夥伴嘗試找出二十五歲以下、懷抱改變世界理想的年輕人，讓有熱情、有想法、有創新的點子，都能來TEDxTaipei與大家分享。

因此，像是熱血教師黃韋嘉和觀眾大談學習的絕招就是「玩」，還有創立台灣青年氣候聯盟的張良伊，也大談守護世界環境的夢。在網路引起眾多的迴響，讓大家開始關注教育與環境的議題。

在活動結束之後，許毓仁積極地想把這個基礎擴大，他認為台灣各地還有許多很動人的故事還沒有被分享出來。

有這次熱血的策展經驗，許毓仁開始加碼在TEDxTaipei為素人開設的演講平台，鼓勵素人勇敢站上這個舞台，因此OPEN MIC的舞台終於成形，讓更多素人展開向世界說出自己故事的旅程，在舞台上看見自己發光發熱的身影，熠熠閃爍，溫燦更多人的心扉。

## 小人物開麥，台灣動起來

許毓仁十分享受說故事、聽故事的時刻。他認為：故事存在每個角落，古老傳遞故事的方式是分享和說故事。我們應該回到過去的美好，找回願意真心分享的初衷與熱情。

許毓仁回憶：「在二〇一三年前，TEDxTaipei策展面臨的挑戰，是大家一開始會產生先入為主的刻板印象，好像這個舞台形成一種名人堂的氛圍。但我的想法是，你來演講後，你可以散播自己的想法，接著，你可以透過自己的想法去影響別人，這個舞台讓素人的想法變成主流，顛覆既有的社會價值。因此，我開始把TEDxTaipei邀請的講者修正分成三大部分，分別是：已經具有高知名度者、各領域專精專業的人士、正在努力尋夢、追夢的素人。對於正在努力尋夢、追夢的素人，給他們一個OPEN MIC的機會，透過他們熱血卻素樸的演講或表演告訴大家他追夢的故事。一方面能快速地讓現場觀眾與講者更直接地交換想法，二方面也讓大家在聽完追夢故事之後，產生即時的行動力。」

TEDxTaipei在二〇一三年，籌劃一個OPEN MIC的舞台，一支麥克風，讓素人以快問快答的方式，讓自由的思想與靈魂透過六分鐘的時間，把自己的發現與觀察，從發想到行動，透過分享產生改變世界的力量。在舞台上，每個講者生命長河的彎度，蘊蓄重生的喜悅，也隱含告別過去的決心，一起凝望生命的水岸、諦聽生活的韻動，常不只是一種心情的薰染，而是一種集體意識的共好力量。

許毓仁笑著說：「TED是要講者分享十八分鐘，為什麼OPEN MIC是分享六分鐘呢？因為這批發掘自我亮點的世代，在創意與行動之間堅持，從自己價值出走、為自己的理念發聲。從無到有的Big Bang，看似尋凡的生活，存在著許多值得傾聽的不凡故事與點子。很多的想法雖都只在醞釀發酵的初期，但是透過OPEN MIC的平台，實驗性質卻充滿挑戰的創意，讓更多人願意加入，幫忙素人完成夢想、堅定信念。分享的時間縮短了，但精采度並沒有縮減，透過六分鐘的速戰速決，他的故事能更去蕪存菁地說出來，也讓自己透過OPEN MIC的助力，讓思考更凝鍊，找到突破點，衝破難關，讓更多人因感動而一起書寫台灣土地動人的故事。」

## OPEN MIC號召大家站出來

OPEN MIC簡單的徵選門檻，就是讓每個人都能說自己的故事，不管你觀察到什麼事件、夢想過什麼方向、改變過什麼現況、扭轉過什麼困境，只要你願意給個想法或實踐，就能站上舞台，發揮自己的影響力，帶領我們翱翔在你的領域或故事的蒼穹中。

報名的步驟更是簡單，準備五百字簡介，至「我要報名」填寫完畢個人資訊，再上傳六頁簡報檔，清楚說明你想和世界分享的點子或故事到SlideShare，並提供檔案連結，讓大家知道你是誰？你的點子或故事是什麼？最後按下送出即可。若是企圖心再強一點的人，可以選擇外加一段兩分鐘以內的影片，做為加分題或說明輔助。

至於，OPEN MIC帶來的改變，許毓仁回憶說：「在TEDxTaipei公布海選的消息，不到一個月就湧進兩百多個案子來投件，有的談同志議題，有的談淨灘議題，有的談流浪狗議題，談雲端科技議題，談教育議題的……連菜市場的阿嬤都有自己的生命歷程可以分享。閱讀這些故事與點子，才明白台灣原來有這麼多有趣、動人的故事。雖然，最後選定火星爺爺『向沒有借東西』、陳畊仲『為台灣醫療站出來』、陸育克『終身說故事家』、朱冠蓁『石頭湯體驗人生百味』等人，但是海選的精采度，讓入圍者與落選者都獲益匪淺。到了二〇一五年還有蔡宗翰消防員破解火場逃生的三個迷思，張申朋藥師談用藥安全與醫療的潛在危機，龔建嘉談小農鮮乳議題，大家在OPEN MIC分享無比精采的

idea，甚至從一個議題分享擴散到未來個人的職志，因為這份想改變社會的心意，努力活出自己精采的人生，已經超越TEDxTaipei的品牌光環，他們已自成品牌，成為引領創意潮流的先驅者。」

許毓仁透過OPEN MIC的活動，號召素人站出來，這也讓我們明白：一群有熱情、有想法的人聚集在一起後，產生的連結效益是無遠弗屆的。尤其，二〇一四年的參賽者，他們在賽後的感情仍是十分緊密，活動結束了，改變卻剛要開始。當人力資源相互形成一個創意行動社群，也變成激盪熱情的好朋友，感覺到他們即便離開舞台了，對台灣的正向力量，對台灣的真實改變，仍不斷地推衍前進。二〇一五年許毓仁團隊還為他們辦了一個OPEN MIC夜間回娘家活動，邀請之前參與活動的人「回家分享」，也因為彼此互動熱絡、延燒做事的熱度，動人的生命情韻，產生彼此生活深度的連結與激勵。

目前，許毓仁說：「我還想集結這群充滿能量的素人夥伴一起來替台灣做點事情，例如，透過採訪分享他們的故事，以文字的流轉，影響更多人的思維；第二個思考點是讓每個都在解決台灣社會某些議題的夥伴，繼續透過夥伴的力量，讓媒體注意到他們做的事情，不是在舞台上煙火式絢麗分享而已，更不能只是曇花一現的盛景，而是乘勝追擊地竭盡一生，讓每天的行動都有一點進展，每月都有一點改變，每年都有一個躍進。最後讓素人開講從一個人到一個社群的形式擴展，啟動集體創意，回望到彼此做事的初始，重塑內心如甘冽的淨水，透明澄澈的初心，繼續擴大夢想，繼續改寫故事的結局，餘韻待續。」

## 網紅時代的來臨

網路突破時空的藩籬，在網路的世界裡，每個人的地位都是一樣的，一個好影片分享，可能吸引上萬個人替你按讚；一個感人的文章轉載，讓很多行動流竄起來。網路讓每個人都具有價值性與影響力，極度平等的同時，也代表著水可載舟亦可覆舟，善用網路，就能把價值放到最大，影響的人也就更多。

許毓仁語重心長地說：「分享一個很酷的概念，幫助了許多人；分享一個垃圾資訊，則愚弄了許多人。網友如果沒有自我思辨和判斷力的話，其實很容易誤把垃圾訊息當正確知識去擷取，以訛傳訛、正確訊息的判讀更形困難。六分鐘看似短暫，恰巧能說完一個發想、故事。在看似吉光片羽的事件，找到攫住觀眾心底的感動，讓大家明白：有人正默默地守護著某些信仰與信念，靜默卻持續地在社會做些悸動人心的事情。這些事情值得大家分享與學習，值得被傳播出去，甚至值得被強力支持、大力協助他，那是改變社會思考的DNA。」

許毓仁接著分享：「OPEN MIC入選的小人物，雖然沒沒無名，但是TEDxTaipei可以推他一把，讓這個社會的聚光燈照耀在他身上，讓故事背後的意義容易快速地被挖掘到，甚至在網路時代迅速竄紅，如火星爺爺許榮宏、說故事達人陸育克。在OPEN MIC的場域中，分享時間短，觀眾必須要聚精會神地凝聽，自然而然地被吸引、被說服。他們看見素人真心誠意的初心，像是對朋友展開一場內在心情的自剖，因而，觸動人心的常是故事的本身，竄流會場的是非做不可的能量。再加上觀眾的口耳相傳，大家開始不再為了TED這個品牌的光環而來，而是想聽一個台灣在地好故事而來。當我們意識到自己想要說的故事有多麼重要，為何非說不可，這些年、這些人、這些事，讓TEDxTaipei或是OPEN MIC這個平台，替你行銷、替你分享、替你散播。我們在平台裡，透過故事整理社會思想的脈絡，每天吸引我們的關注資訊的方法很多：看書、看手機、看網路、看電視，聽別人分享，什麼方式都有，但是你如何去策展一個有連續性的價值論述，這件事情其實是很重要的。而恰好OPEN MIC持續讓不同的價值論述，透過平台，進而在社會上散播正向的影響力。」

至於，正向的影響力這件事情該如何被衡量？

許毓仁給個指標：OPEN MIC演講的人，都是非常真實誠懇地面對自己的人，他們積極地透過和自己的內在說話，找到熱情的媒介，透過網路分享給所有人。這些熱情的素人，絕不是為了成名而來，或是為了目的而來。就只是單純地想讓更多人認同這個理念，加入他們，顛覆某些固有的成見，期待大家開放心胸，更寬闊地悅納這個議題，參與這個行動。

## 從政，華麗的進擊

許毓仁認為從事立委這個工作，其實是人生的意外，彷彿是一場華麗的進擊。做什麼像什麼的Jason，把立委工作當作人生階段性的任務與使命，實踐承擔讓大家邁向台灣美好未來的責任。他從創辦TEDxTaipei至今，歷經六個寒暑，蒐集近三百個台灣的感人故事，恍如一個強力蒐集台灣聲音的平台，讓橫跨各年紀、性別、領域的夢想，陪伴許毓仁的從政之途，更接近人民的需求，充滿智慧與能量的步履，鏗然有聲地向前邁進。

許毓仁說：「有機會改變社會，當然是當仁不讓的，一如自己是在OPEN MIC所擷取的美麗養分。到了國會，我移植TED的經驗，每個月舉辦國會沙龍，營造友善的公共論述空間，鼓勵大家參與討論，致力讓難懂的政治能被理解能被接受。目前打造一場又一場的國會沙龍相互激盪思想火花，恍若另類的TEDxTaipei或OPEN MIC。當大家都能在這個公民講台討論，找來行政單位代表政策方、相關領域工作者代表工作方以及立委方，三方比照TED模式，廣納多元聲音，在有限的時間，各自闡述自己的觀點，進行一場辯論。甚至，每月定期舉辦的早餐會報，邀請各領域專家、學者共進早餐，請益專業的知能，再將相關過程或結果公告在網站上。這些想法都是自己在TEDxTaipei或OPEN MIC找到的靈感。尤其，每月用一支影音來解釋政策，讓政策透明，讓國人理解，彼此找到共識向前走，相互溝通營造善意的分享平台，依然是自己不變的初衷。」

未來，他期待希望台灣人民都要相信自己的能力，每個人都有自己的天命，不要害怕挑戰，用說故事、聽故事的初衷，一起走向世界舞台。當我們願意從自己出發，就能為台灣帶來改變，創造改變。

## 給參賽的素人愛的叮嚀

許毓仁給未來參與OPEN MIC的夥伴，四個步驟的分享技巧：「第一，是你要知道你要對誰說話，這點很重要，你設定的聽講範疇是誰？內容就會跟著調整。第二，是你要知道你要說什麼。分享的重點要提綱挈領、有條不紊地透過數據、故事或是案例，來讓聽眾知道你要表達的重點是什麼。第三，是你想從這場演講，達到什麼樣的結果。你想影響誰？改變誰？想達到何種效益？為了讓台灣更好，我們想連結什麼共識。第四，是你有多少時間，故事可長可短，你必須把握有限的時間盡量把重要的關鍵點，強而有力地說完。」

許毓仁總結地說：「當你想好要對誰說話，就決定了你要說什麼，你就開始設計適合他們的tone調與橋段。分享者甚至要注意：當對象不同時，你所設計的內容層次也要跟著調整。演講的核心價值，絕對要聚焦，不能發散太多枝節，這個核心決定你的故事走向，也代表自己的做事態度與原則。你必須讓大家知道，即便歷經千錘百鍊的考驗，你都不會改變自己的核心價值。每一個人的talk都是生命核心思想的延伸，要講一個好故事，核心思想成為演講是否成功的關鍵。舉例來說，如果你是一位教育工作者，熱情與勇氣就是自己翻轉教育局限的核心關鍵，同時，你可以讓台下的觀眾知道：未來十年有百分之五十的工作現在都還沒有發明，老師可以給孩子什麼能力去因應這個瞬息萬變的社會？在變與不變之間，我們可以教會孩子什麼？猶如暮鼓晨鐘叩響教育工作者的心扉，也讓我開始去思考一個老師的價值，以及老師是否能為孩子打造一個夢想的舞台？」

許毓仁感性地說：「或許，我們終其一生都不會是焦點人物，但是可以成為堅持夢想、熱愛生命的人，一個願意為夢想而活、努力而奮鬥的靈魂，真的很動人。」

## 如何說個好故事 TIPS

1. 確定分享的對象，調整內容。
2. 分享的內容重點明確，要有重點與層次，避免離題失焦。
3. 可利用大數據、案例、個人故事、最新話題等增加故事的生活化與趣味性。
4. 分享的目的要能達到澄清價值、改變舊有觀念、為捍衛的議題發聲。
5. 把握演講時間，在有限的時間，清楚地把主題說清楚、講明白。

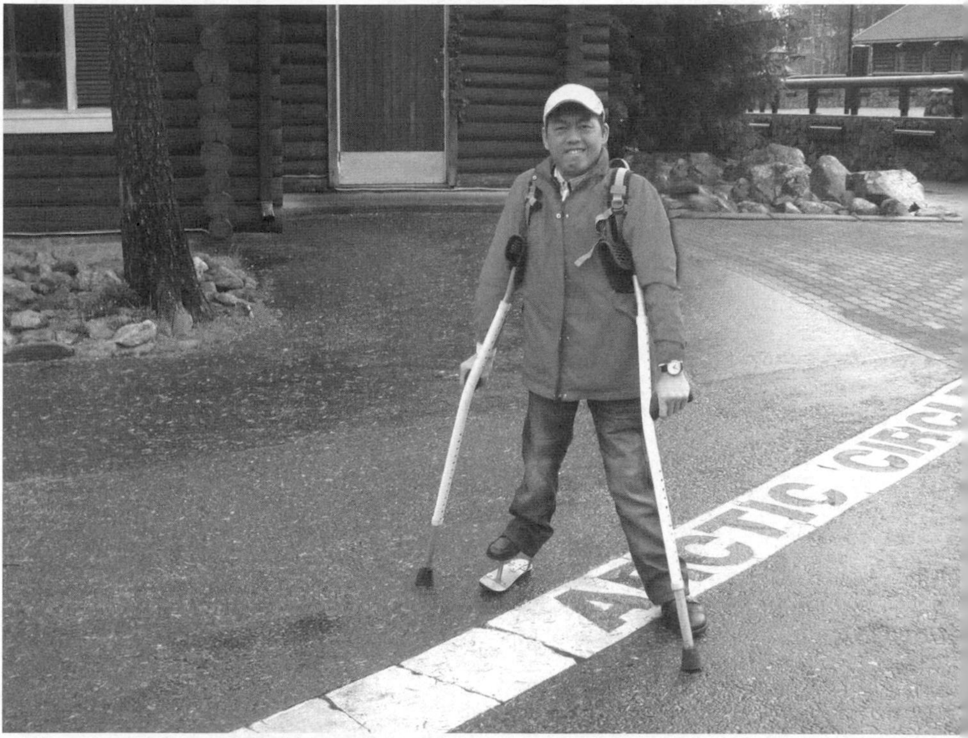


# 火星爺爺的故事人之旅

## 許榮宏 Logan Hsu

TEDxTaipei 演講
**「別只看『沒有』，向你的困境借東西」：**
**tedxtaipei.com/talks/2014-logan-hsu**

照片提供：許榮宏

**學歷**：東海大學企管研究所碩士

**現職**：利奇佳有限公司總經理

**個人專欄**：報紙：《中國時報》、《自由時報》、《可樂報》。雜誌：《美麗佳人》、《經理人月刊》、《Career雜誌》、《30雜誌》、《TVBS週刊》

**特殊經歷大事紀**：TEDxTaipei演講影片：「別只看『沒有』，向你的困境借東西：火星爺爺（許榮宏）二〇一四TEDxTaipei大會講者」，演講影片突破兩百五十萬點閱率

**著作**：《小呀米，大冒險》、《三號小行星》、《超人大頭貼》、《戀人亂語》、《給下一個科學小飛俠的三十七個備忘錄（新版）》、《天啊，老闆長出象鼻子了！》、《包包流浪記》

**專業獲獎**：文創作品「The little bag」，榮獲二〇一四年德國紅點設計獎（Red Dot Communication Design）

八個月大時得了小兒麻痺，七歲前不會走路，都在地上爬；國二時，他在過馬路時跌倒，難過得不想站起來。一位計程車司機突然衝出來抱起他，將他放到馬路安全的一端。那一刻，他明白：老天沒有給他「方便」，卻替他的生活帶來無數個生命「天使」。

從此，他不再抱怨自己是無法獨力跨出自己房間的病患，也不再認為努力無法改變他的人生。他展開向自己沒有的部分「借東西」的旅程，而且越借越成功。如今，許榮宏是大家眼中的專業講師、專職作家、六本暢銷書的作者，甚至創下TEDxTaipei 八分鐘內七十萬人點閱的高人氣紀錄，當日點閱紀錄僅次於柯文哲市長。

## 準備八千分鐘，只為台上八分鐘

當時，許榮宏報名參加「OPEN MIC」素人講者海選入選後，得到TEDxTaipei八分鐘的登台演說機會。許榮宏回憶地說：「為了這場演講，事前寫講稿、排練、預錄至少準備了八千分鐘。或許我不是最聰明的，但是會是最努力的那一個。」

他把演講焦點放在「創造」，用創意來確定演講主題，並加入自己特殊的成長背景和經歷，把如何無中生有，將本來「沒有」的東西放入演講脈絡來思考，漸漸地爬梳出把「創意」和「沒有」兩個元素自然地融合在一起，訂了一個有趣的主題，就是「向『沒有』借東西」。

向「沒有」借東西，其實也是他自己人生的初衷，如果大家都能跟沒有借東西，持續地努力，就能擁有一個豐盛的人生，這應該是從挫敗中學習到最美妙的事情。接著，許榮宏在決定好主題方向後，就要在有限的八分鐘做好系統性的規劃，讓八分鐘的演講，有情節曲折的變化，有意想不到的笑點或哭點。因此，他設定每三十秒到一分鐘，就要讓觀眾的情緒down一次或high一下，讓觀眾的情緒隨著演講起伏跌宕，全場幾乎沒有冷場。

這場飽含創意元素，存有激勵人心的演講在現場果真得到一個強大、立即的回饋性。為了TEDx Taipei的八分鐘，許榮宏做足了準備，完美地演繹故事改變人心的影響力，讓我們明白台下八千分鐘，台上八分鐘的重要意義。

## 說故事達人的演講撇步

許榮宏那麼會說故事，是否可以傳授幾點撇步讓讀者知道或學習？

他毫不藏私地分享：「你要讓自己先成為有故事的人，再來談如何改進說故事的技巧。當你的生命滿載著很多動人的故事時，其實就不太需要注重太多的演講技巧，信手拈來地講個故事，都會讓人覺得驚豔有趣，甚至心有戚戚焉。所以，我時時蒐集親身經歷的好故事，記錄身邊的細微感動，演講內容就能擺脫陳腔濫調的窠臼，找到感動人心的亮點。」

接著，他冷靜地分析：「如果，我們希望在這場演講中，送給現場觀眾一份聽完能立即帶走的禮物，那會是什麼？」

許榮宏不假思考地說，是夢想。

他繼續分享說：「或許，因為行動不方便，所以有了跟別人不一樣的人生旅程。有人說，我有一種火星人的視角，也就是換個角度思考的創意。如果把演講比喻成完美上菜的步驟，你就要為自己的演講安排前菜、主菜、甜點三大階段的食材。因此，每次分享，我總會寫好整場三大階段的講稿，再準備視覺效果十足的投影片，然後反覆練習，預想現場觀眾會有什麼反應與情緒；接著，在內容與技巧準備得差不多的時候，模擬現場實境，錄影錄音，找出演講的盲點、讓演講內容技巧精益求精。這一生大家似乎都在找人生的好故事，讓我們為自己好好過日子。」

每個人都會被現實的困難局限住，慢慢忘記自己也是有夢想的人。因此，我們還是要在看不到光的時候，找到自己最初也是最美的夢想，發掘自己熱愛的事情，在有限的資源下，自我突破，放大視野去看待世界，千萬不能安於現狀，否則意志會越來越消沉。許榮宏除了教會我們說故事的撇步，也隱約教會我們面對生活的積極態度，為自己的人生說個好故事。

## 連筆名，都是一個故事

四十多歲的許榮宏，為什麼要自稱「爺爺」呢？尤其，娃娃臉的許榮宏看起來就是一位散發出滿滿活力和創意的年輕人。

許榮宏以說故事的口吻帶著我們走進時光的長廊漫步，回溯起二十年前的往事：「當年我在滾石唱片擔任郵購部經理，為了一卷歌手陳綺貞接受廣播節目訪問的錄音帶，我大膽地寫信向一位陌生的小女孩索取這卷訪談帶。」

小女生收到許榮宏的信件後，好奇地來信問道：「你是誰？你幾歲？你從哪裡來？」

充滿字句疑問的信件，讓許榮宏童心一來，十分有創意地回信說：「我是一位來自火星的八十五歲老爺爺，被賦予任務要來觀察地球人的種種，每個星期要按時寫份報告回傳火星總部，報告你們地球人的生活。」

小女生被這封文字特別的回信內容給吸引住，竟和許榮宏成為忘年之交的筆友。一段彼此傾訴生活瑣事、相互打氣的通信生活，一如查令十字路84號魚雁往返的情節。許榮宏詼諧地說：「最後，我們沒有相約見過面，這是不是表示我是正人君子，沒有誘拐未成年少女喲！」

一段塵封的故事，一次萍水相逢的美麗，卻在許榮宏的生命留下深刻的印記，自此，火星爺爺的稱號與許榮宏的人生開始劃上等號。他開始成為大家口中熟悉的那位親切幽默、創意十足的火星爺爺，連筆名，都是一個故事，許榮宏的故事人之旅開始啟程。

## 我的故事不一樣

對一個說故事的人而言，創意和幽默感是最重要的活水。

因此，許榮宏讓自己保有好奇心，喜歡觀察身邊的細小微物，常常換個思考的方向；讓自己擁有創意，讓故事與眾不同，獨一無二，充滿亮點。例如，孔融讓梨的故事，大家都知道說的是禮讓的重要。那麼，反過來思考，我用孔融讓梨的故事來兜售梨子、提高它的價值，可以嗎？當我告訴觀眾，這顆梨子汁多味美，讓一向兄友弟恭的斯文哥哥都不想把梨子禮讓給弟弟孔融時，這個故事的情節太出乎意料了，就容易讓人翻轉對既定思維的看法，反而對梨子的香甜好吃留下深刻的印象，成功行銷「梨子」這個主題。

另外，許榮宏也觀察到ＴＥＤ最受歡迎的演講是肯．羅賓森博士（(Sir Ken Robinson)），他談「為什麼學校扼殺了創意」這個議題。這是一個完全不吸引人的題目吧？

但是，肯．羅賓森演講的點閱率，為何能遠遠贏過《哈利波特》的作者羅琳、脫口秀女王歐普拉？其原因是什麼呢？

許榮宏語帶玄機地說：「就是他獨特又自然流露的幽默感。例如，他一開場就說：假設你參加晚宴，告訴大家，你在教育界服務，那麼party的氣氛應該會變得很詭異，大家頭上彷彿有三條線……如果你是在教育界服務，你應該也不常受邀參加晚宴啦！應該說，沒有機會受邀參加才對。羅賓森在三十秒內的開場白，幽默的事例立刻讓聽眾歡聲雷動、哄堂大笑。」

肯・羅賓森博士十八分鐘的演講，讓觀眾笑了四十一次，平均三十秒就讓觀眾邊聽邊笑。但是，歡笑聲中，最重要的還是他讓大家開始正視，正規教育其實是扼殺孩子的創造力、冒險精神與想像力的劊子手。

許榮宏常用這個例子來提醒自己：說故事的高手一定要逼自己像肯・羅賓森，努力去思考、去翻轉觀眾既定的思維，要保有幽默的心情，才能講出一個和別人不一樣的觀點和想法的故事。「我的故事不一樣」，這是訓練說故事者開展創意、展現幽默的過程。久而久之，你就會變得習慣跳脫僵化的思考，找到故事的新哏，讓你的故事展現不一樣的風采，不只創意又幽默，也讓觀眾注入新思維的活水，與時俱進。

## 故事的起點：傳愛送暖

許榮宏常在臉書分享各式各樣的故事，其中有一則提及有關李宗盛的事例，臉書提到：華語歌曲的天王級製作人李宗盛說，這麼多年過去了，他還是當年那個扛瓦斯桶的小李。許榮宏感性地說，他反覆咀嚼這句耐人尋味的話才體會到，李宗盛即便已經是華語歌曲界的天王，卻從來都沒忘記自己是當年那個替家庭送溫暖，扛瓦斯桶的小李。進一步來說，這個故事讓他體會到每個故事的起點都是傳愛送暖，如此簡單的初心。

扛瓦斯應該是件苦力的工作，李宗盛卻認為這個工作的初衷是替家家戶戶扛來溫暖的人。因為每一桶瓦斯都是讓每個需要瓦斯桶的家庭，得到溫暖與溫情。有人用瓦斯來做飯、燒開水；有人用瓦斯來洗澡，瓦斯工為每個家庭真真實實地帶來了溫度。後來李宗盛轉換工作，成為寫詞寫曲的創作者，仍堅持用扛瓦斯的精神，讓自己寫的歌能溫燙無數個冰冷的時刻，讓歌曲的溫度安慰我們封閉的心，溫暖我們孤寂的情。

愛說故事的許榮宏延續了這份初心，堅持要用他的故事替大家帶來人生的希望、溫暖、光。一如扛來瓦斯桶的小李，親切和藹地為每一個人、每一個角落帶來生命的溫度。

## 扎根閱讀沃土，綻放故事的花朵

一般會說故事的人，應該都是喜歡大量閱讀的人。許榮宏從蒐集生活各式各樣的故事，再從文字的觸發、影像的連結、音樂的感染，醞釀成自己的故事原型。回首他自己的閱讀系譜中，最重要的三個光點應該是《百年孤寂》、《生命中不能承受之輕》、《靈性開悟不是你想的那樣》。許榮宏趣味橫生地說：「這三本書彷彿把所有熱帶水果融合在一起，打成一大杯果汁，滋味豐盛，提供我們品味生命不同的滋味。」在閱讀的世界，開闊許榮宏的眼界，讓他的思想奔放、充滿創意的想像，尤其，在文創行銷的世界，工具書提供他建構思考的脈絡，讓天馬行空的思考也能很快地聚焦，大量閱讀提供創意的沃土，讓說故事的活水源源不絕。例如《唐詩三百首》，你不是死背它的內容，而是要去思考它的精神，簡短精確地說出一個道理、一份感情、一次事件……當你領略《唐詩三百首》的創作精髓與法則時，你就可以靈活運用那個元素思考出好故事來。

許榮宏也在臉書分享過這樣的想法：「多年來，我見識過許多人被各種想法綑綁住自己的創意。例如，三十五歲前一定要成家、第一份工作一定要熬過一年、除了這一行我還能做什麼……這些詭異的想法像十字架，扛起來無比沉重，人生因此龜速得像慢動作放映。怎麼破解呢？告訴自己：就算扛了十字架，你也不會變成耶穌。所以，卸下來吧！十字架只會讓你肩頸痠痛。空出肩膀，去扛點有意思的東西吧。」所以，閱讀是沃土，很多思考需要化成自己的生活實踐，做得通才是定理，絕不是人云亦云，如法炮製。說故事的人，也是要經過轉化、思考、重製，才能綻放出故事花朵的香氣，讓觀眾凝聚共識，形成多元觀點。

## 說每個故事都要歸零

說故事的人都會安排令人會哭、會笑的橋段，俗稱鋪哏。這是每次說故事前，都要打掉重練的地方。沒有一個笑話能千年不敗，沒有一個橋段能引人不斷掉淚。不同性別、年齡、族群、文化……不同的觀眾，就有不同的主題，不同的主題，故事內容絕不可能複製。

「簡單地說，再怎麼厲害的哏，也有失效的一天，也有不靈的一刻。所以，說故事的人必須很精進、很敏銳、很用功。我常用一種比喻，例如，鑽木取火這個技能，在這個荒島的居民學會了，另一個荒島的居民似乎不用教他們，好像有心電感應似的，居民自動地也學會了。笑話好像有這種不成文的定律，這一場的觀眾聽過了，下一場的觀眾就不會對這個故事有興趣，更離奇的是，這件事是場場屢試不爽的潛規則。所以，說故事的人要很謙卑地準備，沒有萬用不敗的法則或是百說不厭的故事、橋段，每一場演講，我都是以戰戰兢兢、兢兢業業的心情在準備的。」

許榮宏笑笑地說：「有些故事，自己覺得感動，結果說給觀眾聽，他們卻無動於衷；有些故事，自己笑到流眼淚，結果說給觀眾聽，他們卻木然沒有反應。更妙的是，有些故事，好像只能用一次，這次引來滿堂彩的掌聲，下一場的觀眾，好像聽過這個笑話似的，竟然不會有反應。」

許榮宏用多年來說故事的經驗，告訴每個說故事的人：沒有不敗的笑話，沒有萬用的哏，每一場演講都要打掉重練，絕不能怠慢，每個故事都得歸零，重新設計。就像人生，沒有人可以複製一套成功不敗的經驗，都是歷經不斷淬鍊修練的過程。

## 從說故事到寫故事

愛說故事的許榮宏，在二〇〇〇年因為工作需要，於明日報推出個人新聞台，名稱是「給下一個科學小飛俠的三十七個備忘錄」。他用了一個南宮博士寫給幾位科學小飛俠的書信形式，開啟在網路寫故事的旅程。五年級生的許榮宏化身為火星爺爺，以懷舊卡通為底蘊，開始以故事形式與讀者分享行銷管理、生活哲學、個人觀察的主題，詼諧的筆調，親近讀者生活的題材，席捲無數讀者的心靈。

廣大網友熱烈地回應火星爺爺，讓他有動力與熱情能定期按時地更新網頁、回應讀者，許榮宏甚至大膽地決定要向出版社毛遂自薦，透過火星爺爺出書，找回更多的「失聯黨員」。從此爾後，許榮宏從說故事到寫故事，順利地出版生平第一本與個人新聞台同名的書籍《給科學小飛俠的三十七個備忘錄》。

之後，他陸續推出《三號小行星》、《超人大頭貼》、《戀人亂語》、《天啊，老闆長出象鼻子了！》等四本書，不僅讓他成為高人氣暢銷書作家，也成為讓故事不打烊的傳奇作家，他的文字隨時陪伴讀者度過無數孤獨無助的歲月，給予他們轉角遇見故事的驚喜與被愛的感覺。

許榮宏靦腆地分享說：「我自己寫書、出書，並沒有設限什麼主題或形式，端看當時什麼題材打動了我的心靈，我就想好好說那個故事，寫那個故事。說故事和寫書很相似，就是那個階段，最想告訴觀眾或讀者哪些重要的事，可能是自己經歷過的、聽過的、想像過的，就是非說不可、非寫不可的幸福分享吧！」

去年，火星爺爺還出版一本歷經十年醞釀的新作品，搭配新銳插畫家劉經瑋寫成《包包流浪記》的新書。內容是以一個包包被世界遺棄，雖被人當作傻瓜，仍不斷相信自己，重新追尋，翻轉人生，讓自己過得更豐盛、更有價值的故事。書籍在未出版前，就得到包括德國紅點、日本插畫協會等十三個國際大獎的榮耀，也讓許榮宏說故事到寫故事的人生攀至高峰。

## 孩子教會我們的事

私底下的許榮宏的確是個安靜害羞、話很少的人。但是，一站在台上，他馬上變成小太陽，不斷地為觀眾發光發熱著。有人說，他在台上很衝、衝、衝，像加足馬力的戰車，所到之處，都帶來了滿滿的熱情和價值的改變。

許榮宏很謙虛地告訴我：「其實，每次一說完故事，馬上就知道自己表現得好不好。從觀眾的掌聲、回應，你立即明白自己的故事是不是真正走進他們的內心，帶來生命的感動與陽光。」

例如，有次，許榮宏到關廟國小講故事。那一場，火星爺爺大膽地讓演講場變成一個小型的「OPEN MIC」，讓孩子開放地問，也開放地說。

大人們可能會擔心五、六年級的孩子不像大人，知道哪個場合要說什麼話，會不會造成場面失控，或是難以設想的事情發生。但是，許榮宏決定相信孩子可以自制、可以好好與他互動。孩子剛開始的確像被解放一樣，天馬行空，甚至無厘頭地發問或回答。但在他的引導下，很快地跟上火星爺爺的故事脈絡，一搭一唱，相互呼應，彼此形成一個很大的共學現場。

許榮宏開心地說：「他們透過故事親近了我，我透過答案理解了他們，當孩子小宇宙爆炸的時候，說故事的能量是大人無法追上的，豐富的想像力，樸實的話語，卻帶來完全想不到的故事樂趣。例如，他們會問：火星爺爺去過的火星是一個什麼樣子的世界？到過火星之後，接著想去哪個星球旅行？會帶哪些人一起去？他們是否有機會同行？」

孩子全然地相信，也在故事的流轉中，盡情地融入故事的角色，開展自己對故事情節的價值觀與思辨力。一張簡單的圖片，一個簡單的案例，他們什麼都能接續地思考，創作力不比大人差，甚至，顛覆自己既定的故事發展模式，呈現更多彩多姿的故事風貌。一如余光中所說的：「人生有許多事情，正如船後的波紋，總要過後才覺得美。」說故事的人，常常在說完故事之後，才知道故事的漣漪，是否在彼此生命留下難以磨滅的感動的光影與餘韻，影響著彼此的生活。

許榮宏說：「原來，你給孩子一個說故事的舞台，他們散發的故事能量比大人還豐沛，給予現場觀眾的正面能量，更是立即又溫暖的。一個不設限的故事，就是孩子最喜歡的主題，孩子有自己聽故事、說故事的邏輯，這就是那場演講，現場學生教會我最重要的事。」

## TED舞台帶來的轉變

許榮宏說：「當一位素人登上TED舞台之後，被許多不認識的觀眾、讀者，不斷地給予熱情的鼓舞與回饋，他們說，我的故事給予他們向前走的力量，也讓他們換個角度思考挫敗的人生，原來希望是自己找的，向沒有借東西，改變了沉悶的思考，找到一個煥然一新的生活方式。

「當下，除了無限的開心與成就感外，還替生活帶來無比精采的驚喜。邀約變多了，認識的人更多了，合作的機會擴展了，生活似乎變得越來越值得期待。

「但是，有一天，我發現了警訊：生活的步調改變了，我做好準備了嗎？

邀約變多了，許多時候無法靜下心來，好好客製化地準備，認真地分享自己簡單的心意。

「說故事的人總希冀聽眾能在故事中得到能量，像大補丸，立即把精氣神提振起來。為什麼我的故事不像之前，能那麼容易感染人心，帶來立即的翻轉？原來，反璞歸真，回歸到說故事的本質，我為什麼要說故事？為何而來？為何而說？我帶著何種初衷繼續站在說故事的講台上？這樣謙卑地照見自己的不足，讓我能重新調整生活的腳步，找回說故事的甜美感覺，即便站上TED講台，我還是那個不斷發掘好故事，愛說故事的火星爺爺。在變與不變之間，我找到最好的調適與自處，生活的故事也時時提醒著我反省：篩去虛華時刻的浮誇，說故事的人本著一顆沒有雜質的本心，為好好說故事而存在。」

## 結語

說個好故事無法速成，它需要沉澱與等待。就像許榮宏在臉書說的：「有些禮物，你一樣要傷得夠深，才能得到。過程也許讓你死去活來，但拿到禮物那一刻，你會明白：五百克拉鑽石帶來三重禮物。一是鑽石，二是我竟有本事挖這麼深，三是六百克拉鑽石應該也不難挖吧！」

有時候，說故事的人都在等待一個好主題、好機會，像龜兔賽跑一樣。你真的不知道這個故事未來還能發展成何種形式？同時，你也不知道聽故事的人，何時會因為你的故事而改變了他的人生。別心急，很多故事不會被錯過，更不會被忘記，因為有些故事早已成為我們人生風景的某個部分了。

火星爺爺永遠會帶來地球人思維以外的火花，讓我們好好聽故事、說故事、寫故事。如同他向「沒有」借東西的創意，讓我們也在故事中，找到忙亂生活寧靜的韻律，從中體會到眾聲喧譁之外，無法體會的事。

### 如何說個好故事TIPS

1. 故事要有創意，內容絕對不能是老哏。
2. 整場的節奏要保持在有笑點、哭點交錯，不能有冷場。
3. 幽默感十足，適時與台下的觀眾互動，臨場反應要快。

4. **簡報是輔助，畫面盡量簡單、重點呈現。**

5. **說故事四步驟：**

(1)主題概念：去蕪存菁、獨一無二。

(2)前菜：大家都感興趣的故事或數據。

(3)主菜：故事核心思想價值，馬上要和人家ＰＫ的主題。

(4)甜點：離開現場後，觀眾會記住的金句。

**Jason 的話**

## 火星爺爺：抽象的反證法

火星爺爺的演講叫「向沒有借東西」，沒有是抽象的，有是具體的，火星爺爺的演講開頭創造了語意上的矛盾，讓觀眾引起興趣。他舉出大部分的人一出生下來「沒有」，沒有地位，沒有家世背景，生命充滿了沒有，在八分鐘的演講中不斷重複「沒有」，透過對負面條件的加強來引出對於創造的渴望。他的演講不在於給你答案，而在於要你思考生命的處境，透過反證，來加強對於正向能量追求的意念，這樣的演講技巧我稱之為「抽象的反證法」。這個技巧的好處在於並非平鋪直敘的，而是不斷地舉證，透過反向的佐證來加強正向的論述，讓人印象深刻。

# 孩子的故事王
# 陸育克

TEDxTaipei 演講
**「喚起每個人愛聽故事的童心」：**
**tedxtaipei.com/talks/2014-victor-lu**

照片提供：陸育克

**學歷**：國立藝術學院／戲劇學系

**現職**：陸爸爸說演故事劇場／故事人

**特殊經歷大事紀**：二〇一六年受邀至馬來西亞／吉隆坡說演故事巡迴、二〇一六年受邀至上海進行說演故事表演

**專業證照**：二〇一六年台中市街頭藝人（全台唯一以「說演故事」考取街頭藝人證照）

**專業獲獎**：

二〇一五年以「社區故事閱讀案」獲得樂揚建設「夢想社區場景」首獎

二〇一四年慈濟基金會靜思語說故事競賽社會組北區第一名

二〇一四年榮獲國家實驗研究院—台灣颱風洪水研究中心「防災創意」第二名

二〇一四年獲得台中市防暴劇競賽第一名

二〇一四年代表信義國小榮獲台中市教育局「台中市國民中小學推動校園閱讀—創意閱讀推銷高手比賽」，評審獎第一名、人氣故事王第一名

二〇一三年台中市交通局微電影劇本第一名

二〇一一年代表僑忠國小榮獲台中市教育局「台中市國民中小學推動校園閱

讀——創意閱讀推銷高手比賽」，人氣故事王第一名

二〇一〇年信義房屋二〇一〇社區一家幸福行動計畫提案「二〇一一社區起步走‧故事閱讀螢火蟲計畫」獲全國首獎

**個人臉書**：www.facebook.com/storyhome101

**個人網站**：www.facebook.com/taiwanstory368

這九年來，我從床邊故事說到社區；從校園說到圖書館；從偏鄉部落說到醫療院所；從親子說到銀髮與外籍族群，至今四千場次，全台已超過數十萬位孩子聽我說故事，我始終相信「有人的地方就有故事；而說故事是化解人與人之間隔閡的最佳工具。」亦將說故事做為我終身的職志。

在說故事的路上我曾跌倒失敗；但最後總是從孩子的笑容中獲得走下去的動能，常思考如何用我說故事力量去做些什麼事情？一次在癌童病房，我們看到「孩子笑了，大人哭了」於是我懂了，開始以說故事走向偏鄉部落、癌症病房、育幼慈善，夢想走完全台三百六十八個地區說故事，培育更多說故事的小種子，尋找這條路上的夥伴與分享這份說故事的幸福之感。

## 楔子

有人稱他為「The Secret Life of Victor Lu」；有人叫他愛說故事的「陸爸爸」。陸育克喚起我們愛聽故事的童心，找回我們會說故事的能力。他透過故事改變社區、偏鄉，顛覆傳統說故事的形式，讓我們在說故事的世界裡，學習說個好故事給別人聽，也靜下心來傾聽別人的獨特故事。

徜徉在故事的夢想世界裡，開展自己的想像力、創造力，陸育克讓故事的力量綿延下去，讓我們明白：有人的地方，就有故事的光閃閃熠熠。

## 門鈴響起，改變失業的男子的人生

一個家庭的支柱，一段要大展長才的年紀，中年的陸育克卻面臨人生最大的危機：失業。到了中年，才面臨失業的挑戰與考驗，人生應該沒有比這個更讓人錯愕與害怕了。尤其，當身邊的人都在工作上一一闖蕩出名聲時，陸育克的心情也是忐忑不安與徬徨不定的。

一次門鈴響起的機緣，他幫社區的鄰居阿嬤照顧小孫子，正當自己與小小孩大眼瞪小眼、一籌莫展時，他發現大學主修表演藝術的經驗，或許可以拿出來一用，說個故事給孩子聽聽，讓沉悶的時光，來點不一樣的氣氛。沒想到，這一說，就說了八年，這一說讓他成為社區大朋友、小朋友們的聚光燈，天天有人期待陸爸爸替他們說故事。

從此，陸育克揮別失業的陰霾，用自己溫熱的生命開始說故事給大家聽，從孩子的床邊故事說到熱鬧喧騰的大小社區；從校園圖書館說到偏鄉部落的各角落；從醫療診所說到需要的家庭；從親子聽故事說到銀髮族一起來；從當地社區到新住民社區……陸育克說話的魅力如春風拂過人心，帶來了溫暖與力量，讓聽故事的人，跟著他大笑；陪著他哭泣；隨著他悲嘆；學著他歡笑。

一次因緣際會的機緣，卻意外地開啟自己走向說故事的道路，藉由說故事，教會大孩子、小孩子說故事，增近彼此的關係。

我們是不是該感謝阿嬤的一次意外門鈴聲，讓台灣多了一位愛說故事、會說故事的孩子王陸育克？

## 蹲低是為了下一次躍起：上台前的準備

TEDxTaipei是分享不同領域思想與點子的交流平台，也是讓每個素人能自由呈現自己內在價值觀的舞台。同時，希望在短講的時光中，講者與觀眾能透過互動分享相互激勵彼此，在知識的連結與傳遞裡，找到共同夢想的火花。

陸育克看到TED舞台的強大力量，因此，決定用說故事這個議題站上舞台對所有人說故事。只是凡事起頭難，準備期間最大的挫折是，時間太短，要講的素材太多，想在限定的時間內講完，幾乎是不可能的任務，每次練習幾乎都超過時間，其實讓他還滿挫折的。

不過，挫折通常是成長最好的養分，對陸育克來講，最大的收穫是重新對說故事定義、再次爬梳、整理這些年來說故事的歷程與轉折，濃縮、凝鍊自己的人生純度，讓更多人被感動、被激勵。所以，蹲低身子，讓自己回頭檢視自己的說故事歷程，彷彿掉進時光機裡，回憶歷歷在目，重播每個說故事的過程，每個感動的時刻。突然間，他恍然大悟地找到下一步該往哪個方向走，以及繞一條遠路走的意義為何。陸育克輕鬆地說：「我開始不想再介紹自己我是誰，而是分享自己目前正在做些什麼有意義的事情。所以，在OPEN MIC短短的八分鐘時間裡，我整理出講故事的歷程中最有影響力的關鍵點與動人故事。」

如何準備製作一段演講的好內容，以及台上該如何發揮自己最大影響力的事前工夫，看來陸育克已經準備好了。

## 從「OPEN MIC」到TEDxTaipei年會

即便做了萬全的準備，到了彩排的時候，麥克風卻還是不給力地出了點問題。陸育克嚴肅地說：「當時迫在眉睫，沒有太多時間思考。只好先放棄用麥克風分享的念頭。因為說故事的歷練，我想起在很多地方，其實是沒有麥克風的，我不是也能駕輕就熟地說好一個又一個的故事嗎？不用麥克風，反而能讓我更即興地以現場表演故事劇的方式，純粹以聲音的情感來表演給大家看或聽。這次的經驗，意外地打開自己未來說故事展演的契機，我不再被場地、設備局限，反而能以舞台表演的方式來說個生動的故事。」

真正到了年會，我發現在這個舞台的感染力和影響力是如此廣大。因而，第一次覺得緊張的情緒困住自己，不過，各個講者的故事都十分動人，因而，我漸漸習慣在說與聽之間的步調，我告訴自己：「故事沒有框架，它可以在床邊、涼亭下、榕樹邊，甚至是TED舞台，Everywhere、Anytime。就是說故事，說一個好故事給台下的觀眾聽，就像當年自己為小小孩說故事一樣。」

一如溝通大師卡曼．蓋洛所說：「好故事是一切溝通的核心價值。不管是兜售構想、傳達理念、爭取選民支持，甚至只是哄小孩睡覺，你的故事絕對是你這輩子最重要的資產。」

會說故事的陸育克，展現莫忘初衷的熱情，找到自己站到舞台的意義是想讓更多人愛聽故事、愛說故事，如此而已的信念，讓我們看見他為說故事打造一個嶄新亮麗的舞台。

## 我相信有人的地方就有故事

剛開始，陸育克都在固定場所或是制式環境裡說故事，例如，社區、學校、醫院、企業。印象中，有兩個故事特別讓陸爸難以忘懷。

有一次，陸爸接受一個特別的請託：希望自己能在告別式中為一位往生的長輩說「人生」的故事。陸育克花了很多時間與家人溝通、對話，開始整理長輩這一生有什麼動人的、不為人知卻重要的故事，用說故事來紀念一位長者的離開，成為陸育克此次說故事最重要的功課。

當陸育克說完故事之後，這位長輩的女兒走向他、抱住他，流著淚水說：「謝謝你，代替我們說父親的故事，謝謝你，用這樣輕鬆又榮耀的方式，把父親的故事說出，讓全場所有人知道。我們終於在故事中，感受到爸爸也是位愛哭愛笑，做著平凡事情的不平凡之人。」

還有一次是他為癌童病房的女孩說故事的經驗：癌童在聽故事的時候，在故事歡樂幽默、高潮起伏的情節中，暫時忘卻身上的病痛。說著說著，陸育克忘情地把頭上的綿羊帽子拿下，準備要送給一位因化療而沒有頭髮的小女孩時，這位女孩突然對陸爸說：「我也想說故事給你聽。」旋即，把自己頭上的帽子脫下，告訴大家說：「你看！我的羊毛也被剃掉了！」自信又燦爛地轉向所有人說著、笑著。

陸育克感動地說：「聽到這段話，我不只心酸也紅了眼眶，頓時讓我領略到：『孩子笑了！大人哭了！我懂了！』這句話背後的意義。原來，有人的地方就有故事，每個故事的力量無遠弗屆，超乎我們的想像。因為故事就是喚回我們的童心、初心、真愛的源頭。說故事可以改變這個社會的冷漠沉悶，感染許多人孤寂的心，使之溫暖，使之交流而美好，讓我們勇敢地說出每一個好故事吧！」

## 台上三分鐘，台下十年功

說故事的人也要讓自己的生活處處充滿故事，包括蒐集人生系譜中各式各樣的感受與經歷，讓這些光和熱都能轉化成說故事的主軸與素材。

陸育克認真地說：「每次在準備繪本說書的工作時，我會設身處地思考：

如果我是故事的主角，我該怎麼說？怎麼反應？怎麼動作？怎麼互動？所以，我在準備的時候，可能會在全家的各角落走透透。一下大笑，一下跌跤，一下靜默不語。總之，就像個演員，融入文字與角色之中，不斷反覆練習、推敲，最後呈現出一個完整的說故事橋段。」

有些故事，陸育克或許已經講過幾百遍，為了保有臨場的新鮮感，每一次都當作第一次分享，從中找到新哏、亮點，和不同地域、年齡、性別、族群的人互動。

陸育克感性地說：「每一次說故事的緣分從四十分鐘到兩小時不等，台下的大朋友、小朋友們，這輩子我或許只有這次機會與他們相遇、相逢；如果我善用這段時間，給他一個觸發，或許能給他們不一樣的人生。四十分鐘到兩小時，說故事的人永遠比聽故事的人，更容易深陷說故事的其中而感動。」

陸育克的夢想看似微小，就是說個好故事給別人聽。其實夢想真的不用很大，只要持續地、勇敢地把它做好、做完，就是一件令人欣喜雀躍的事情。陸育克的故事讓我們知道：不要輕忽自己一個小小的發想，一個小小的火花，都有可能點燃世界的熱情，進而改變世界。

## 說故事是我最後一個工作

陸育克靦腆地說：「剛開始，身為一位男性，要擔任說故事這份工作，其實引起周圍很多親戚朋友的質疑，連家人都抱持問號和驚嘆號。但是，李國修老師送給我一句話：『人一輩子能做好一件事就功德圓滿了。』這句話在我看不到光的生活，給了我引領的方向。」

上天賦予陸育克說故事這份特殊的才能，他也相信自己能把這件事情做到最好。陸育克習慣用劇場表演的方式說故事，剛開始，並沒有得到前輩與朋友的支持，有人甚至認為用這種方式說故事會變成不專業的「小丑跳梁」。

陸育克並沒有被這樣的耳語擊倒，反而開始學著去界定自己在說故事的位置，不斷叩問自己如何善用自己的天賦來說故事。

後來，陸育克終於豁然開朗了：「我要成為一輩子的說書人，說故事是我最後一份職業，即使被界定為小丑，我也要是一位會快樂說故事的小丑。

「快樂說故事只是一個橋梁，透過故事引發孩子閱讀的樂趣，讓孩子願意主動閱讀。所以，我善用自己說演故事的方式與特色，認真把文本內容透過聲情呈現出來，我要尊重自己的專業，相信自己，因為不可能每個人說故事的方式都和我一樣。」

因此，八年來，他一直和自己的夥伴分享：「我不是要訓練你們成為一個說故事的人，而是要訓練你們怎樣找到好故事，探索故事的核心價值，也懂得透過故事感染世界的真心真情。」

陸育克自信地說出：「說故事是我最後一個工作」時的眼神，堅定又溫暖，讓我明白：陸育克的人生即便是吃過苦頭的，但是因為有了跌跌撞撞、自我探問的過程，反而讓他說起故事來特別溫暖有趣。

## 說故事的溫柔力量

陸育克把說故事當成一種修行、修練的態度。他認為說故事沒有技巧、沒有公式、沒有理論，雖然故事是制式的，但是說書的人是活的，聽書的人也是活的。

說故事絕對不是一、二、三、四、五、六的標準化流程可規範的，這樣做只會讓故事變得很僵化、很機械式。說故事的秘訣存乎一心，把說故事的自己當成單純的孩子，讓赤子之心跳出來說故事；同時，不管聽故事的人是誰，也把他當成孩子就對了，你會發現彼此內在的小孩，透過故事相互交流溝通，彼此在故事中撫慰了受傷的自己；在故事中溫暖了寂寞的情感，迷途的焦慮無助，也在故事的句點裡找到心靈的終點。

所以，說故事和聽故事的人，一起在故事中找到強大的力量，可以原諒、可以釋懷、可以重新出發，更可以在故事中被溫柔地對待。

陸育克追溯地說：「我不斷地在說故事這件事情上面精進、學習，因為我知道說故事也要與時俱進，絕不能一個故事走江湖。所以，我為了說故事，學習四十幾種魔術，只希望讓故事能參雜些奇幻的魔法，不同的技巧都可以增加聽眾的專注力，或是強化互動，達到不同說演的效果。譬如，利用川劇變臉的方式說故事，讓現場的聽眾會驚呼連連、嘖嘖稱奇。」

說故事是陸育克的夢想，他用溫柔的力量，顛覆一般人對說故事的想法，也透過說故事轉化人與人之間同理、互感的催化劑。當社會透過一個又一個的故事，喚回善良的人心與溫柔的人情時，說故事的力量，篩去生活苦澀的雜質，留下了歡笑的純粹，在生命最幽微的深處綻放出光芒。

## 從說書人到閱讀者

閱讀是輸入，說書是輸出。陸育克能擁有那麼多說故事的元素，要歸功自己在跌跌撞撞的人生中，永不放棄的精神與態度。失敗的養分、困窘的經歷，最後都轉化成說故事的能量。

陸育克提到自己讀大學前，幾乎找不到任何片段是與閱讀有相關的回憶。若說是誰打開陸育克閱讀的窗扉，替他建立閱讀習慣的貴人，那應該就是他念大一時的編劇課老師平路。

平路老師要求學生要大量閱讀，開立多元豐富的書單給學生，讓陸育克終於認識了誰是張愛玲，進而讀了人生第一本小說《傾城之戀》，從此才發現閱讀的世界是如此有趣而美好的。只是沒有在小時候就培養好的閱讀習慣，因此看書的速度很緩慢，常常得花很長的時間才能看完一本書。

後來，因為說故事的關係，陸育克開始閱讀繪本、散文、小說。繪本的類別以歐美繪本為主，影響他最深的一本書是《小王子》。因為故事很需要生活化，因此，音樂、戲劇、電影的元素與技巧都能融入說故事的橋段，讓說故事變得有層次感與臨場感。另外，說故事其實是啟發孩子開始注意周遭環境，進而培養生活的感知與美感，每個故事都在激發孩子的觀察力、想像力，同時蘊含生活審美的能力。他不用是貝多芬，但是從故事中懂得曲韻悠揚於生活的美好；他不用是畢卡索，但在顏色繽紛的畫作中，察覺創意展現的生命力；他不用是曹雪芹，但是懂得欣賞章回小說高潮迭起的文字之美。

說故事其實也在書寫故事，閱讀也在記錄每個說故事的歷程，陸育克的故事讓我想起了宋代話本，每個故事最後都能寫給一本動人小說，關於這個世代、關於這個國家、關於我們都快忘記的回憶。

## 從說故事出發到閱讀推廣

陸育克開始推廣說故事活動後，才發現閱讀對說故事的重要。其實說故事和閱讀是密不可分的，說故事的人本身就要喜歡閱讀，唯有真正讀進去文本的角色，走入作者創作的核心價值，你才有機會說出動人又接近文本的故事。

同時，他發現台灣很多慈善團體都會捐書、送書到偏鄉地區給孩子們閱讀。但是，這些書常常是被放在學校、圖書館之後，就沒有人去理會它，善用它，即便出自於善意與熱心，卻達不到預期的效果。陸育克發現：這些書必須要加上說故事的元素，才有助於閱讀推廣的速度，也讓每一本書能被妥善地閱讀。

因此，陸育克積極走向親子故事劇場，開始努力地從說故事出發，落實地推廣親子閱讀。讓一本一本靜態的書籍，透過動態的說書，為它打開頁扉，也讓一本又一本的好書，因為有人介紹而被看見。

因為說故事，讓疏離的關係變得親近，陸育克不斷告訴現場父母：「就算我學了再多的說故事技巧，都無法取代孩子拿著一本書，回到父母親身邊靜下來閱讀的溫暖，父母親應該在聽完故事之後接棒，繼續到日常生活替孩子說故事，陪伴他們閱讀，這才是我說故事的意義和使命。」

從說故事出發，陸育克也用自己的方式為營造社會閱讀氛圍而盡力，當說故事遇上閱讀，許多有趣的故事正在被書寫。

## 幸福在身邊，樂於說故事

當我們跳脫既定的框架時，才有機會海闊天空地看到更多美麗的風景。每個人在做一件事情時，難免會設定些目標，例如，陸爸就會追求說故事的技巧，要把故事說得好聽，說得精采，贏得滿堂彩。漸漸地，陸育克變得不快樂了，他追求在既定的時間內把故事說好、說完，然後累積聽故事的人數，數據一天比一天多，人卻一天比一天不快樂。甚至，說故事還要搭配德行、禮貌、交通安全等議題時，設計學習單，做出成效表，這些額外繁複的事情，都讓說故事的初心變得複雜，也離快樂越來越遠，陸育克說：「我聽見內在的恐懼找上了我。」

那就返璞歸真吧！一切都回到原點，再次問自己：說故事的真正意義是什麼？

陸育克發現，說故事其實很單純，就是要用一個故事傳遞一個感情；用一個故事感動現場的真心；用一個故事串起台灣的善意與善行，讓說故事變成世界上最幸福的工作，它就像是和傳福音一樣神聖的工作。

## 英雄淚，難掩的虧欠與遺憾

陸育克提到自己為了實現到台灣三百六十五鄉鎮走透透說故事的理想，連帶地和家人相處的時間也變得少之又少。最近，他帶了一群義工，來自菲律賓、印尼、泰國、越南的新住民朋友，和他一起到台灣的廟口去說故事。陸育克要他們用母語說故事，不用特地翻成中文，因為台灣的居民也應該學習新住民的語言，認識不同的族群文化。因此，帶領新住民的說故事義工去圖書館說自己的故事，是很大的跨越與挑戰。

陸育克說：「我的團隊可以是很多人，也可以說只有我一個人，因為我不可能陪伴一個地區很長的一段時間，只能在某個地方待上一段時間，幫助當地培養說故事種子團隊，然後在往下一個驛站前進。每個地方都要有自己的說故事團隊，那個地方才會有說故事的真實力量扎根。」

陸育克要做的事那麼多，要完成的夢那麼大，會不會也有挫折與辛酸的地方？

他語帶哽咽地說：「我曾看到自己的兒子跪在媽祖神像前面祈求著：聖誕

老公公、媽祖娘娘、耶穌基督……我不想要再當陸爸爸的孩子了，因為陸爸爸只說故事給別人聽，我卻很少看見他待在家裡說故事給我一個人聽。」

旋即，陸育克眼眶泛淚地說：「在說故事的工作中，我找到了人生的志業，也找到工作的自信與熱情。唯一的遺憾是，要跟家人說聲：對不起。因為夢想，失去抱著孩子說故事的時間，希望家人支持也諒解自己想要把說故事的溫暖跟愛傳遞到更多地方的理想。我當然也會永遠在家人的身邊支持他們，當孩子想聽故事時，我也都會陪伴在他們身邊。」

說故事是一座陪伴的橋梁，藉由說故事彼此相互取暖，陪伴對方走一段人生；相對地，家人之間，也需要更多的陪伴與理解，才不至於有錯過的虧欠與遺憾。

＊＊＊

陸育克在TEDx Taipei說：「我發現原來故事可以這樣玩。原來孩子喜歡、原來孩子希望，原來我也是一個孩子。我用說故事讓我自己得到一種溫暖，我用說故事讓我得到一種能量，我用說故事讓我自己繼續走下去。」

陸育克（陸爸）說故事的魅力，就是能在最短的時間馬上吸引全場聽眾的目光，而且不論大人或小孩皆被他說演的技巧深深吸引，讓故事呈現出說不出的奇幻魔力。每個來到現場聽故事的人，都折服在他自創門派的一言一行之中，透過生動逗趣的表情，沒有框架、距離的溝通方式，讓每個人從故事找到了自己的夢想與熱情。原來說故事是用心靈去傳遞一份說故事的初衷；用真誠去尋回每一份失落的童心。謝謝陸育克讓台灣充滿了說故事的芳馨，散播著真善美的香馥，在你我的身邊。

## 如何說個好故事TIPS

1. **打破框架**：忘記身分年齡和職業位階，用心中的孩子與聽者心中的孩子對話。
2. **感同身受**：如果您也是一位孩子，會想聽一則像背書式的說故事嗎？說完故事還要考試嗎？請感同身受用孩子的角度說故事。
3. **相信與質感**：就算穿得再像老虎的服裝，我們畢竟不是一隻老虎；製作逼真的森林場景也非真實，唯有相信與質感，相信我是故事中的角色，相信走在森林、潛入深海，並找到自我說故事的質感，孩子就會相信並進入故事情境之中。

4. **轉換**：當故事人走入說故事空間，經過轉化，成為故事角色，走入故事空間。
5. **懂得蹲下**：願意蹲下就會看見孩子的故事。

**Jason 的話**

## 陸育克：演講是一場 show

陸爸的演講本身就是一場秀，他是一位專職的說故事者，五年來已有一萬位孩子被他的故事感動。一次在癌童病房，他看到「孩子笑了，大人哭了」於是他懂了，開始以說故事走向偏鄉部落、癌症病房、育幼慈善，計畫走完全台三百六十八個地區說故事，培育更多說故事的小種子，相信「有人的地方就有故事；而說故事是化解人與人之間隔閡的最佳工具。」

陸爸演講的技巧在於把他的故事「演」出來，這個要經過精心的設計，把八分鐘拆解成幾個橋段，想像一、兩分鐘就是一個小故事，整個演講鋪成四個故事，起承轉合，每個故事都扣回核心主軸：用說故事讓自己得到一種溫暖，用說故事讓自己得到一種能量，用說故事讓自己繼續走下去。

# 救自己的牛奶——不務正業的獸醫師

# 龔建嘉

TEDxTaipei 演講

**「獸醫師告訴你 那些你不知道的台灣牛奶秘辛」：**

**tedxtaipei.com/talks/chien-chia-kung**

照片提供：龔建嘉

做牛做馬獸醫師，生長在天龍國，現在生活在雲嘉南平原。很不願意在意別人的期待與眼光，希望做有價值的事情。每天巡迴在全台灣各地的牧場出診醫療，看著大大小小的動物成長。偶像是英國作家吉米．哈利，在鄉村與單純生活當中成就偉大。其實這個世界上少了任何一種動物，都會讓地球變得不完美，只有人除外。獸醫是一個站在人與動物之間的橋梁，除了人以外，我都看。

**發起計畫：**

肥肉青年環島志工服務種子團

除役軍犬領養計畫

二〇一五年創辦「鮮乳坊——小農鮮奶直送」

Tedx Taipei二〇一五年會講者

一九八五年出生的龔建嘉，是全台現有三十餘位大動物獸醫中最年輕的一位。每天的工作，就是在彰化、雲林、台南、屏東等三十家牧場巡迴看診，為大動物做檢查，身邊的朋友都習慣叫他阿嘉。

聽著大家不分年齡、性別都阿嘉、阿嘉的喊著，感覺上他就是一個沒有架子，親切熱情、憑藉勇敢、擁抱夢想的年輕人。

很多人在努力贏得人生的勝利，甚至感到志得意滿時，常常興起：我一點都不開心，也一點都感覺不到充實感，其原因是什麼？

人生不是成功了，就會快樂了。或許，要像龔建嘉這樣，願意了解自己、明白自己天賦的年輕人，才能打造適合自己的熱情人生，也會尋到工作與生活交集之間，真實流瀉於心的快樂。

他最常被報章雜誌稱為「不務正業的男人」。但是，在不務正業的背後，他做的事情怎能如此撼動人心，又影響許多人願意用手上的一瓶鮮奶，讓小農被看到，走出來呢？阿嘉如何用自己的力量，堅持一步一腳印地讓台灣酪農變得更幸福、更有前景呢？同時，支持著阿嘉堅持到底的初衷到底又是什麼呢？

龔建嘉在選填志願時，就想當醫生，想當動物醫生的初衷，讓他成為全台灣最年輕的大動物獸醫；在當兵時期，從不小看自己是小兵，盡力地為軍犬認養的修法奔走發聲，終於立法成功；在食安風暴時，獸醫師挺身成為優良酪農與消費者之間的橋梁，堅持民眾能喝到天然健康的牛乳，創立全台小農鮮乳直送的「鮮乳坊」。

龔建嘉願意當自己生命的設計師，面臨人生重大階段，獨特看待事情的角度和思考方式，都引領他走出既定的框架，活出自己熱愛的生活模式。有人說：「做你沒做過的事情叫成長；做你不敢做的事情叫突破；做你不願意做的事情叫改變。」阿嘉在成長的過程中，不斷自我突破，跨出所學的限制，自己能做的事就變多了，能圓的夢就更大了。

當阿嘉充滿自信地說：「面對問題，勇敢地挺身而出，你的一點點付出，都能改變社會的能力，且讓台灣變得更好。」一如阿德勒所歸納的結論，為了幸福，人人都必須做出「人生中最重大的抉擇」，當這個抉擇改變了自己之後，也改變了整個世界。

## 人生勝利組vs.人生夢想組

從小，龔建嘉在學業表現上極為突出，交出一張又一張漂亮的成績單。只是，老天還是在阿嘉面臨大學聯考時，給了自己生命一個殘酷的打擊。龔建嘉回憶地說：「建中畢業生一千多人中，讀台大的同學就有六百人；考上台清交的加起來接近一千人。對於考上中興大學的我，被戲稱是千人斬，就是聯考的校排名是一千名之後的成績了。過去，自己善於學習、考試，因此有了名校迷思的盲點，在志願選填時，我只填了兩、三個志願，決定直接去重考班報到。沒想到，媽媽好心地幫我多填了好幾個志願，讓我陰錯陽差地考上了中興大學獸醫系。從來沒有聽過中興大學的我，在強烈自尊心的作祟下，毅然決然地準備放棄就讀，還和家人有了不愉快的小爭執。」

後來，小學同學在小公園一段振聾發聵的談話，徹底地改變了他的想法：「我們是快樂地慶祝考上大學，準備快樂人生；阿嘉是慶祝進入重考監獄，準備悲情人生。」彼此面對未來的人生，在心情上竟然產生如此大的落差，這讓他開始反思自己的心態：如果真心喜歡念獸醫系，台大和中興有差別嗎？重考難道不是在浪費自己的時間嗎？哪一所學校畢業的與未來擔任專業獸醫的能力，真能劃上等號嗎？

不過，真正顛覆阿嘉名校思考的是，在中興獸醫系就讀期間，自己再怎樣努力都考不到全班前幾名。每個同學都如此優秀，他到底有什麼資格自怨自艾或瞧不起人？用了兩年多的時間，他開始認同中興是一所很優質的學校，獸醫系的專業培養與訓練也帶給阿嘉許多其他學校不能給的資源，阿嘉從追逐人生勝利組的道路轉彎成尋找人生夢想組的大道。

龔建嘉坦承自己是有點叛逆又不肯輕易妥協的人，面對自己的人生，從不想由別人決定。未來，到底是要走哪一條路？是小動物獸醫組，還是大動物獸醫組，阿嘉內心渴望走一條人煙罕至的路，希冀看見不同的獸醫師風景，那麼，狗貓眼科、骨科、洗腎、電腦斷層等小動物獸醫等熱門領域，就不在自己考慮的範疇。若想挑戰自己，做出不一樣的事情，大動物獸醫的工作，應該會是充滿挑戰與樂趣的選擇。雖然，有人勸他：大動物獸醫通常是單人出診，其技術門檻、環境、收入相對風險高。但是，別人望之卻步的困難，卻激發阿嘉走入大動物獸醫工作前，躍躍欲試的熱情。

## 老教授教會我的事

在中興大學就讀期間，龔建嘉找到一份學習的認同感，也去除了名校的迷思。雖然，在家人的堅持下，念研究所時期，阿嘉重新返回故鄉台北，進入台大獸醫研究所學習，但他從來沒有忘記要成為一位大動物獸醫的堅持與信念。

進入台大就讀期間，阿嘉遇見一位生命的貴人。這位台大教授，十幾年來都是從事與乳牛醫療相關的工作，直至退休之後，還是持續在這個領域精進。剛開始，教授對收龔建嘉當學生的意願很低，後來，在阿嘉鍥而不捨地請求下，才勉強地說：「明天早上六點在桃園某某牧場見。」這是阿嘉第一次走進教授的研究世界，開始有了亦師亦友的緣分牽繫。

龔建嘉心存感激地說：「老教授是位有堅持理想的人，他沒有當老師的架子，從來不需要弟子幫他服務任何事情。他習慣獨來獨往，總是做好自己分內可處理的瑣事，剛開始對我的態度保持觀望的態度，大抵是因為在年輕人中，能在大動物獸醫這個工作而堅持到底的人，真的少之又少。我既沒有養牛背景，又出身台北大都會，在剛開始，教授難免對我有些不放心，幸好，我沒讓他丟臉、失望。」」

阿嘉俏皮地說：「跟著教授下鄉的時間，剛開始他是這樣介紹我：他是龔建嘉啦！想要做大動物獸醫。很多人都說，自己想做大動物獸醫，但真正成功的有幾個？」似乎有些揶揄的語氣。兩年過去後，教授語帶驕傲地介紹我：「他是龔建嘉啦！想要做大動物獸醫。他是我看過最認真、優秀的年輕人，你們要全力支持他，現在大動物獸醫不多，一定要給他更多的鼓勵與掌聲。」

龔建嘉讓教授從懷疑到肯定，這條路走來並不輕鬆。不過，阿嘉卻很開心地說：「教授的認同，是人生學習最大的驕傲。尤其，教授教會我要細膩的觀察之後，透過實際參與，才能用心感受到牧場所發生的事，從中練習自己該學習的技能，扎實地做中學。未來，面對現場大大小小、複雜的突發狀況與問題，就可以立即作出正確的判斷。」

教授不堅持阿嘉要蕭規曹隨，常放手讓阿嘉去嘗試，甚至，告訴他不要去想兼職賣飼料的附加工作。老教授常告誡阿嘉：「當獸醫師就要有獸醫師的樣子，當你做好獸醫的醫療工作，自然就能贏得他人的尊重，也許你一輩子都不會賺大錢，但是，你會是獸醫師中最特別的清流，因為你堅持獸醫師該做的事。」

老教授教會阿嘉的不只是知識上的課題，更是做人處事的議題，那是透過與學生互動的信任中，傳承人生價值的薪火，一種對於獸醫師存在的責任與請託，不是人生大道理，而是獸醫師令人尊敬與看重的職人精神。

## 不務正業的初心

所謂：「上醫醫國，中醫醫人，下醫醫病。」醫生這個角色，可能在不同的領域，做著截然不同的事情，產生改變社會價值的契機與效應。龔建嘉說：「這不是能力的問題，而是每個人立場角度的問題，我們無法客製化去理解每個人的成長背景，因為每個人都有獨特的思考方式，也因為不同的思考方式，讓每個人因出發點不同，而完成各自不同的使命。」

就是不務正業的初心使然，阿嘉熱切地告訴我們：「當社會用大框架去套住每個人的思考時，我們就陷入大學念什麼，以後就得做什麼的窠臼。法律系畢業的學生，未來就應該要當法官或是律師嗎？生命科學畢業的學生，未來應該要繼續念研究所?或是去生技公司發展嗎?讀獸醫系的,是否應該在動物醫院上班?或是開診所幫狗貓看病,當寵物醫生?根據調查,四分之三的大學畢業生,後來所從事的工作,都和自己的主修無關。」

因此,阿嘉走了自己的路,選擇冷門的大動物獸醫工作,每天開著車在台灣大大小小的牧場出診,成為大家口中「做牛做馬」的大動物獸醫。阿嘉不務正業的熱情,讓更多人、更多的牧場,因為他的關懷與愛而受惠著。

當台灣社會出現不健康牛乳不能帶給人們健康時,他忍不住想站出來做點事;當百分百鮮乳成分標示不明時,他興起了:「我堂堂一個大動物獸醫師,救得了牛、救不了奶,實在很不爽!」這樣直率又捨我其誰的想法,也讓他在二〇一五年四月和夥伴共同創辦「鮮乳坊」,單純想提供給消費者另一種新的選擇與放心的食安環境。

當大家都認識阿嘉是全台灣最年輕的大動物醫生時,他也肩負起「鮮乳坊・小農鮮奶直送」創辦人的工作。從大動物獸醫師到鮮乳坊創辦人的角色移轉,不務正業的阿嘉只想要用行動告訴大家:面對困難或挫折時,我們都可以因為堅持和不同的思考,而讓自己和身邊的人有其他更好的選擇。

## 找出屬於自己的關鍵字

每個人的人生，都有代表自己生命輪廓的關鍵字。這些關鍵字，常常是促成自己完成目標的動力，也證明我們對這件事情的在乎，遠遠超過一般人的想像。這個關鍵字可以是你的興趣、你的個性、你的夢想、你曾經做過的事、你的里程碑……這個關鍵字可以用來形容你自己的某個部分特色。

龔建嘉是這樣向我們介紹自己：「我是台北人，我是獸醫生、我是台大碩士、我是網路行銷、我去蘭嶼打工換住宿、我喜歡潛水、我喜歡鄉下生活、我喜歡寫文章。我寫出來的關鍵字，可能就和你不一樣，每個人因為性別、年齡、科系、思考不同，找出來的關鍵字都是迥異、獨特的。因為關鍵字不同，每個人做出來的事情也不同，對社會產生的改變力量也不同。替自己找到生命的關鍵字，才有機會成為獨特的自己，這也是我們都要去做和別人不一樣的事情的原因。」

所以，龔建嘉挑戰過鐵人三項的競賽；曾到蘭嶼體驗打工換住宿；甚至遠赴菲律賓與虎鯨同在海洋中游潛；投入過屏科大野生動物中心，展開照顧紅毛猩猩、馬來熊等國外走私外來種等動物的生活；跟著台大退休資深大動物獸醫蕭火城老師下鄉實習；前往美國康乃爾大學進修，學習乳牛營養專業知能；與好友三人組成「肥肉青年環島志工服務種子團」，透過單車環島的方式，在台灣偏僻鄉鎮駐點，為偏鄉居民做免費的動物醫療義診與衛教工作……

阿嘉的生活比起其他人顯得多彩多姿，充滿年輕青春的熱血氣息，都是因為他願意在年輕的歲月，盡情地嘗試、揮灑自己所長所學，善用自己的關鍵字連結出令人驚嘆的生活方式，也勾勒出意想不到的獸醫師生活，讓生活進而發光發熱了起來。

## 挑戰威權，推動「除役軍犬認養」計畫

在襲建嘉服義務役期間，因為獸醫的身分，因此有機會進入台灣唯一的軍犬單位服役。因此，阿嘉認識一位溫柔婉約，改變自己人生思考的好朋友，也就是軍犬Candy。當年，因為Candy退役後乖舛的命運，讓阿嘉正視到軍犬組存在許多不合理的問題。例如，軍犬Candy八歲就達到除役的年紀，除役後，

卻要住在一個四十年都沒有改建過的地方，在那個陰暗潮溼的地方靜默地待著，直到老死為止。

當全世界的軍犬在除役之後，都能開放認養，透過評估、媒合機制，讓需要的家庭或機構將其帶走；台灣卻把軍犬當成軍品，即使軍犬除役了，也必須留在軍中，直到老死。阿嘉說：「自己是第一線的醫療人員，每天都擔心除役軍犬的安危，牠們在那種環境，會不會被毒蛇咬了？颱風天，犬舍會不會淹水，影響了牠們的安危？狗兒其實是社交型的動物，當牠們在長期環境不佳的壓力，有時候會亂咬鐵籠，甚至咬傷自己的尾巴，遍體鱗傷的模樣，讓我都快難過死了。國家花了那麼多的時間訓練牠們，讓牠們擁有保家衛國的能力，但除役後，牠們生活的家園，竟是如此簡陋又不人性的地方，看到這樣荒謬不合理的事情，我開始反思，四十年來，為什麼沒有人去反應或檢討這件事情呢？」

有人勸阿嘉，這是小蝦米對抗大鯨魚的工作，但是，阿嘉很清楚地知道，如果自己再沒有行動，這件事又會無疾而終。他的好朋友Candy，還有其他的退役軍犬，依舊過著哀怨不為人知的生活，直至死去。

當時的龔建嘉開始蒐集國外的做法，擬了一份將近四十頁的軍犬除役計畫進行提案，在服義務役最後五個月的時間，不厭其煩地照著軍中的模式層層上呈。不過，提案的事情進行得並不順利，最後仍被否決。後來，在快退伍前，阿嘉在自己的部落格發表了一篇與軍犬除役相關的文章，很快地得到台大獸醫系的教授們、動保團體的支持，在網路上引起了一些討論與串聯，最後在立委們的幫忙下，軍方終於成立一個軍犬除役法案修訂小組。阿嘉也在退伍六個月後，成為這個小組的成員。

能成功走到這一哩路，阿嘉本以為可以在Candy退役後，親自領養牠，把牠帶出軍中，接牠到家裡一起生活，陪牠走完生命的最後一段路。遺憾的是，做了那麼多，仍無法實現自己的夢想。當軍方公布未來所有除役犬都可以回歸家庭的那一天，Candy卻因為惡性腫瘤，就離開人世了。

阿嘉有些遺憾地說：「沒有這樣的堅持，除役軍犬就沒有機會回歸正常的家庭生活。挑戰威權，表面上是叛逆的選擇，再回首，你會看見軍犬宿舍被重新規劃成適合犬隻生活與活動的空間，對犬隻的訓練與裝備都達到與國際接軌的等級，憲兵軍犬組整個翻新。面對人類制度不合理的時候，我們都應該要努力去爭取一個更合理公平的社會價值，也因為這樣正面積極的思考，才有機會讓社會進步，甚至變得更好。其實，面對正義，我們都不該沉默以對的。」

## 台灣版的吉米．哈利

吉米．哈利（James Herriot）是以藍天綠地為圓心，熱愛生活為半徑，畫出與動物相伴的生命圓弧，用書寫感動無數讀者的心靈。龔建嘉崇拜地說：「我受吉米．哈利『大地系列』的書籍影響很深，所以，特別喜歡鄉村生活，對於戶外陽光、與大動物的相處，都充滿好奇心與熱情。對我而言，吉米．哈利做著自己喜歡的事，從中得到成就感，也幫助一些人，這難道不是成功人物的典範？尤其吉米．哈利畢業於格拉斯哥獸醫學院，將一生奉獻給風景宜人的北約克郡鄉間，以詼諧生動的文筆，寫出一系列動物和主人們的故事，讓我一度也想效法，希望自己每天都能寫出一篇篇小短文，從動物的角度來看人類百態、社會現象。我想用一種單純的觀點來分享自己與大動物相處的心情與觸發。就像乳牛的反應，當牠不爽快時，就會踹你一腳，不用演什麼內心戲，就是很單純地反應自己的感覺。還有，畜牧是把動物圈養起來，其實全世界的動物都不喜歡被密集豢養的，只要環境過於密集，牠們就開始吃不下飯，然後變得很緊張，互相攻擊，足見密室對動物的心理層面影響很大。但是，人類卻往往會往很多人的地方移動，房子越蓋越高，人口密集度也增高，人類難道不會因為密室現象，造成莫名的心理壓力嗎？當我們被制度、框架、法律條文限制住時，你的心靈就沒有自由思考的空間了，我們開始僵化思維，想法變得很單一，好像被畜養的動物，都市人類某些思考與反應大抵和牧場動物很相似！」

當我聽完阿嘉的話後，我好像看到台灣版的吉米・哈利，一個熱愛動物的城市人，在全台灣趴趴走，奔波在十個不同縣市，守護著三十個牧場，照顧超過六千頭乳牛的健康。阿嘉真情至性的分享也讓我們望見人情燦美、土地溫度迥然的鄉村景況，原來，當個獸醫師，不只是在牧場來回奔波而已，在屎尿與泥巴之間，思想卻能自得其樂地翱翔著，漸漸地爬梳出動物醫生工作的價值與現階段生活的困境與局限。而阿嘉熱情的獸醫師生活，則為我們譜出一首又一首悅耳動人的生命之歌，像極了台灣版的吉米・哈利！

## 創立鮮乳坊，自己的牛奶自己救

當「牛奶」的成分消費者搞不清楚，標榜香醇的卻不是真正的鮮乳，甚至食安影響品牌問題，引爆國人購買疑慮。當民眾紛紛抵制購買鮮乳，消費者與製造商長期建立的信任被破壞，酪農反成最無辜的受害者。

每天和酪農生活在一起的阿嘉，看到酪農是用心在飼養牛隻，用情在對待牛群，點點滴滴看在眼裡，明白酪農的苦楚，心疼他們的處境。

以前台灣約有一千多戶養牛酪農，現在這個產業萎縮到只剩下四百多戶，獸醫師的工作和酪農是共生共榮的生命共同體，阿嘉當然希望這個產業能永續發展下去。只是，阿嘉開始問自己：到底能替他們做些什麼？

這份過往相濡以沫的感情，興起阿嘉想與小農合作乳品品牌的念頭。在阿嘉決定創業後，他開始思考如何走自己的創業之路。首先，隔行如隔山，他必須先有創業的專業，因此，他到ALPHA Camp上行銷課，試圖運用網路行銷的概念，打破傳統產業既定的通路限制。接著，成立「鮮乳坊」粉絲頁，宣導「鮮乳坊」的成立理念，希望提供無成分調整、無添加、純淨的在地鮮奶，讓消費者有最安心的選擇。剛開始，粉絲頁成功吸引超過五千人來按讚。這樣的人氣指數，讓Flying V主動找上門，邀請阿嘉提案，短短三天，群眾募資平台，就募資到六百餘萬元，突破原本預期的一百萬元的目標。第一家集結眾人的力量，為守護台灣在地牛乳產業而努力的公司「鮮乳坊」正式成立。

龔建嘉認真地說：「看到Flying V募資活動，獲得這麼多人的支持，是非做不可的壓力，也是大家對理念的支持與期待。我們希望開發在意食物本身的消費者，他們對食品的要求更甚於價格，若能把消費的新思維建立起來，也能間接幫助小農，帶動獨立品牌。」

那天，當阿嘉跟著冷藏車司機，一組一組地把牛奶送出去時，內心著實滿溢著欣喜的悸動，感激的淚水也忍不住流下來。阿嘉度過凡事起頭難的煎熬，逐步地打造自己的創業版圖，邁開自信的步伐，每一步都走得穩定又踏實。

阿嘉語帶堅定地說：「我會秉持莫忘初衷的熱情，每一口鮮奶都是一個酪農故事，也都是消費者對我們的信任與期待。」

## 結語

相信在阿嘉的把關下，「鮮乳坊」會是個消費者和酪農之間的重要橋梁，不只協助小農成立自有品牌，也透過自己的專業，將高品質的鮮乳，透過網路販售的方式，讓顧客重回純粹、香濃，自然品味鮮乳的幸福感覺。

身為獸醫師的阿嘉，從獸醫職涯拓展了另一個跑道，成為鮮乳坊創辦人，仍舊堅持這樣的信念：乳牛與人的關係永遠是「夥伴」，而非生產「工具」。阿嘉可愛地說：「自己跟牛很有緣吧！父母和自己都屬牛，我的牛脾氣，卻沒有被牛群激怒過，雖然常常被踢到瘀青、屎尿沾滿全身，但只要一看到牛隻，還是會覺得很親近，很喜愛的。」

曾經運用網路的力量，掀起一場白色革命，不只展現夢想者的成功經驗，也用行動者的形象顛覆我們對獸醫師的想像。阿嘉說：「網路力量真的能帶來革命，不只做行銷也能找創業夥伴。」如果，一位獸醫師為了打破鮮乳界長期被壟斷的現象，而願意走上上網賣牛奶的路，我們面對夢想與現實的抉擇時，又有什麼可害怕的？只要和不務正業的阿嘉一樣，面對夢想，勇往直前就對了！

## 如何說個好故事TIPS

1. 回想故事的細節，清楚描繪情境與人物。
2. 要讓自己進入情境的情緒，而不是把文字念出來。
3. 來一個讓人驚豔的開場，或是一個感動的結尾吧！
4. 先把故事說出來給周邊的親友聽，調整步調。
5. 嘗試讓觀眾參與在故事當中，一起體驗故事。
6. 用投影片輔助進入當下情境，而不是用投影片寫故事。

**Jason的話**

## 龔建嘉：現場建構法

阿嘉的故事原本就有渲染力，獸醫身分，專長是乳牛，一般人原本就會對這樣的職業好奇，阿嘉也是一個口條清楚，表達能力很好的講者。在建構他的演講時，挑戰在於如何形塑強烈動機，也就是「big why」，當然最好的連結點就是食安問題，藉由阿嘉獸醫的身分，娓娓道出目前市面上牛奶的問題，再由他第一線的經驗來談如何改善。

接下來就是呈現的問題，由於乳牛獸醫是一個特別的職業，阿嘉利用「現場建構法」，身上穿著工作服，腳踩著雨靴，宛如活生生地呈現在各位面前，他手戴著長塑膠手套，問觀眾：「各位知道這個手套要做什麼嗎？」阿嘉活生生地把乳牛獸醫的辛酸搬到觀眾面前，牛奶也是國人關注的重要食安議題，透過真誠的情感流露，很多人自然地變成了鮮乳坊的愛用者。

# 打火哥破解防災逃生迷思

# 蔡宗翰

TEDxTaipei 演講

**「破解火場逃生的三個迷思」：**

**tedxtaipei.com/talks/tsung-han-tsai**

照片提供：蔡宗翰

**經歷：**

畢業於中央警察大學消防系。

歷經莫拉克颱風、凡那比颱風及高雄石化氣爆等重大災害，深切體悟台灣社會除了薄弱的防災意識需要被喚醒外，公部門的災害管理者也應該勇於自我學習與改造。

面對災害，比起一般人所認為的「杞人憂天」，他相信「基於對生命及社會的愛護，永遠存在著對於未知災害的敬畏與擔憂，並發出警示」這個形容更貼近自己的靈魂。

**發起計畫：**TEDxTaipei二〇一六年年會共同主持人、TEDxTaipei二〇一六年Open Mic workshop受邀講師、台灣吧（taiwan bar）大抓周計畫——「消防吧」合作夥伴、「翻譯一場演講，幫助六十萬人！」活動發起人、TEDxTaipei二〇一五年會Speaker

**個人臉書：**www.facebook.com/profile.php?id=100001486095637&fref=ts

**個人部落格：**urzas731119.blogspot.tw

畢業於中央警察大學消防系，現服務於高雄市政府消防局的蔡宗翰，對於災害防救工作的推動充滿熱忱與理想。曾在二〇一三年獲前內政部李鴻源部長頒發為「推動災害防救工作特殊有功人員」。

當碰到火災時，你會選擇「躲到浴室裡、往高樓層避難、用溼毛巾摀住口鼻逃生」嗎？蔡宗翰語帶憂心地說：「如果以上三個選項，你都選了，遇上火災，那你就，死、定、了！」

這三個廣為人知的消防逃生觀念真的都是錯的嗎？

蔡宗翰說：「火場的頭號殺手是濃煙！絕大部分火場罹難者，都不是被火活活燒死，而是被濃煙嗆昏後死亡。」

蔡宗翰以一位專業消防人員的身分，在舞台上帶著我們破解網路廣泛流傳火場求生的三個錯誤觀念，並教導我們，面臨火災時，應該要秉持「小火快逃，濃煙關閉」原則，讓自己能在火災中存活下來，終而順利脫困。

蔡宗翰期待自己在TEDxTaipei短短九分鐘的宣導，能及時改正民眾錯誤的火場求生觀念，找到正確的防災觀念，讓不合時宜的想法能被澄清，讓不該發生的悲劇被終止。正確的逃生觀念會讓每個在火場有機會存活的人，都能活著離開。

蔡宗翰說：「基於對生命及社會的愛護，永遠存在著對於未知災害的敬畏與擔憂，並發出警示，這就是一位專業消防員最貼近自己職場靈魂的呼籲了。」

## 走自己的路，愛上消防工作

蔡宗翰回憶年少，為何會走上消防員的職涯時，感慨地說：「就讀雄中期間，有著人不輕狂枉少年的脾性，對升學主義也存有一種反感的叛逆。對於未來，其實我滿茫然的，也不知該何去何從？在偶然的機緣下，看到學校的軍訓大樓貼了一張中央警察大學的招生簡介。當下，我的心好像被擊中似的！換個角度思考，不一定要讀普通大學，警大好像是我可以認真走一走的未來之路，因為我的想法常常和其他人都不太一樣。」

蔡宗翰進了警大消防系，畢業後投入工作的幾年間，都過著令人欣羨、平順、規律的生活。但是，他的內心卻常常會有小小的聲音迴盪：「這是我一輩子要走的路嗎？我真的走在夢想的路上嗎？」

直到高雄氣爆事件之後，蔡宗翰的消防人生有了新的轉捩點。

蔡宗翰難過地說：「二〇一四年高雄石化氣爆事件造成三十二死、三百二十一傷。整個消防局總共有七位弟兄殉職，二十四位弟兄輕重傷，在事發當下，就有十四位緊急送往加護病房或燒燙傷中心跟死神拔河，全局共損失了二十輛主力消防車輛。在歷經十五天的災害應變、處置後，救災人員終於回到各自的工作崗位，大家除了經歷這次事件的震撼以外，連續十五天的災害應變、駐守與輪班，都可以感覺到每一個救災夥伴的疲態與情緒的低迷。

「幾天後，國際獅子會希望消防局有人能提供五分鐘的簡報，讓他們進行評估，進行災後的捐款。消防局便指派我負責這場簡報，希望能說服他們願意針對這次高雄的石化氣爆事件，爭取部分國際獅子會的善款經費，使我們消防局所需補充的救災車輛能快速投入救災勤務使用。

「這場僅僅五分鐘的簡報，卻讓我花上超過兩千五百分鐘的時間在準備。我企盼能替自己的單位做點額外的事。最後，國際獅子會聽完簡報後，從三百五十萬美金的賑災總額中，提撥八千五百萬元，購贈各式消防車輛，投入高雄市消防局的第一線。」

那一刻，蔡宗翰開始重新定義自己的消防工作。原來，自己除了消防救災的專業技能外，還能透過簡報溝通的能力，在對的時間，用對的方式，讓對的人和消防弟兄站在同一陣線上，那種撼動舊思維的悸動，超越蔡宗翰過往能想像的，也讓他對未來也有了撥雲見日的感覺。

之後，蔡宗翰不只做好自己分內的事，對於簡報製作、政策行銷、群眾溝通、宣導防災觀念、分享所學等都變得主動積極。因此，蔡宗翰的人際關係觸及到消防體系以外的各行各業，在朋友們的激勵與鼓舞下，他開始嘗試不同的人生挑戰。不管是之後上TEDxTaipei演講也好，與許多新媒體公司合作拍攝相關防災的影音作品也罷，蔡宗翰就是想重新定義一個消防人員的價值。甚至，更擴大自己的影響力，開始在部落格書寫分享防災文章、擔任媒體平台的專欄作家，宣導逃生防災觀念。他總是有勇無懼地相信自己能一步步走向屬於消防人員更好的未來。

蔡宗翰消防人生的轉變，像極了侯文詠在《不乖》一書所說的：「在一個今日的標準答案很快就會被明日取代的巨變時代中，如何突破那些別人給的標準答案，進而培養出適應變動的競爭力，追求真正屬於自己的答案，並且開創出自己想要的人生！」

蔡宗翰用自己的選擇證明消防員是他人生最想堅持也最喜歡的志業。他可以為了堅持消防員的理想，放手一搏，展現對工作充滿熱血與幹勁的一面；同時，也深深地影響了台灣民眾對消防救災的觀念與積極作為。

## 素人真的可以站上舞台嗎？

蔡宗翰大學畢業開始工作後，一次偶然的機會中發現了TED演講的平台。對於TED三個字母分別代表科技、設計、娛樂（Technology，Design，Entertainment）產生認同似的著迷。他語帶崇拜地說：「那些站在舞台上的講者，竟然能在很短的時間，把自己的創意與人生態度，用說故事的形式，深刻地、感性地傳遞給觀賞的人，那種渲染力與影響力，更是讓我覺得不可思議而心嚮往之。」

有一次，蔡宗翰的太太曾打趣地問他：「蔡宗翰，你那麼喜歡TED影片，有一天，你該不會也站上去講一講自己的故事？」

蔡宗翰回答：「這些講者都是那麼厲害的人物，我怎麼敢有站上舞台的念頭？」

這次的談話似乎是個引子，蔡宗翰在高雄市政府消防局陳虹龍局長的鼓勵下，開始投入了防火宣導的工作，也認為想把宣導做好，就應該讓更多人聽得懂也願意認同。因此，他開始積極地參與相關的學習課程，而在「超級簡報力」課程中，簡報能力也獲得更進一步的提升，並希望透過所學的簡報設計與口語表達，讓更多人正視到防災求生避難的重要。

二〇一五年，有位好朋友問宗翰：「你要不要嘗試把防火逃生的主題帶上TEDxTaipei的舞台，現在有素人開講的海選。我覺得你正在做的事，還有議題都很重要，或許你可以透過宣講而扭轉許多家庭的命運。」

這段話把宗翰藏在內心的夢想激盪出來了。他開始構思海選的主題，尋找主軸的定位，最重要的是，這個分享要讓大家都聽得懂，也願意認同。

但另一次，好朋友善意地提醒差點成為讓蔡宗翰賽前卻步的絆腳石。朋友告訴蔡宗翰：「你把防火觀念講得再精采，大家還是當成政令宣導吧？你是不是要換個主題，比較容易出線？」

這句話的確影響了蔡宗翰，他對於是否要上台說故事，開始變得猶豫不決。內心不斷升起：「要不要等自己比較有名了，再去參加；或是得到更多人認同了，再去報名？」

某天夜晚，他在觀看TEDxTaipei的影片時，看著TED的宗旨「idea worth spreading」，突然恍然大悟：「每一個演講都代表各行各業的創新知識和動人信念，都應該被好好珍惜與保留，這都是我們土地發生的故事。台灣的消防人員也應該有人跳出來說一說我們消防的故事與信念。如果不克服野人獻曝的障礙，就是把個人的毀譽看得比身為消防人員想要傳遞正確觀念的理念更為重要了。因此，自己必須要有信心地站上TEDxTaipei舞台，向全民宣導防火逃生的觀念，因為這是可以改變一個人的生命，甚至造福一個家庭的重要關鍵。」

幸好在最後一刻，蔡宗翰還是勇敢地站出來了，他在過程中得到一個最重要的啟發是：TEDxTaipei不是要比誰的演講技巧比較高超，而是要每位講者發自內心地重新爬梳自己到底為什麼要做這件事情，為了這個理念曾付出過什麼，義無反顧的背後，投入這個理念的動機、熱忱、精神是什麼？說故事彷彿在找回自己與這件事的深情連結。

當每個素人都深信自己的故事與信念，足以感動台下的聽眾與點閱影音的觀眾時，就是他們站上TEDxTaipei舞台，帶給生命最大的意義了。

## 火災求生，你做對了嗎？

二〇一二年十月二十三日新營醫院北門院區附設護理之家二樓發生火災，造成十三人死亡、五十三人輕重傷的慘劇。

二〇一五年一月二十日桃園市新屋區保齡球場火災事件，鐵皮鋼架的兩層樓建築突然燒塌，造成六位消防弟兄罹難的悲劇。

這些火災新聞我們都不陌生，感同身受悲劇傷痛的背後，該被喚醒的是正確的火場逃生意識。

基於這個初衷，蔡宗翰報名TEDxTaipei的素人開講，希望以「破解火場逃生的三個迷思」為主題，讓全民了解正確的火場逃生方式，就能自救，避免悲劇發生。

蔡宗翰的這段演講，目前在Youtube點閱率超過一百五十萬人次。

蔡宗翰態度堅定地說：「面對火災，要遵照小火快逃、濃煙關門的原則。火場濃煙才是火災致死的頭號殺手，大部分火場的罹難者，不是被火燒死，而是被濃煙嗆昏後死亡。因此，遇到火災，不要躲進浴室，浴室的塑膠門遇熱就會融化，濃煙一入侵會瞬間讓人窒息。另外，發現火災後，我們不能憑直覺往上跑，濃煙上升的速度極快，約為一秒上升三到五公尺（約一層樓高）。若逃生通道暢通、沒有看到濃煙，就盡快往下跑；如果火災擴大，開門發現門外或是向下的樓梯間充滿濃煙高熱，只要冷靜地做出『關門』的動作，暫時阻擋濃煙，爭取時間、等待救援。此外，實驗證明溼毛巾根本擋不住濃煙中的高溫與毒氣，拿著溼毛巾反而會阻礙我們匍匐前進的逃生姿勢，緊急時刻也無法再花時間去找溼毛巾。

「三個火場逃生的迷思，通常是我們讓自己陷入更危險局面的主因。根據美國消防協會（National Fire Protection Association，簡稱NFPA）實際燃燒實驗發現，當房門外的溫度高達一百五十度時，如果房門是關起來的，房內的溫度僅有二十五度，通常等待救援的存活機率是比貿然逃生要高許多。

「至於為什麼以前卻教如遇濃煙要用毛巾摀住口鼻逃生呢？主要是因為建

築形態的燃燒特性不同了，『用溼毛巾摀住口鼻逃生』的觀念從二十世紀初從美國開始流傳，因美國當時房子以『木造』居多，當木造的房子發生火災是會全部燒毀的，所以無論什麼情況，一定要想盡辦法逃離火場。而台灣目前大多數是鋼筋混凝土、具防火建材的建築物，發生火災後，在起火處的煙、熱不容易散去，所以起火處會以極快的速度蓄積濃煙、劇毒、高熱。」

聽完蔡宗翰的專業分享，我們才明白：隨著時代進步的更迭，防災觀念與資訊也必須與時俱進的更新。我們會因為正確的逃生觀念而生存下來，也會因為錯誤的逃生觀念而喪失生命。

## 說一個好故事，宣導防災觀念

消防員也就是大家口中的打火哥，他們的工作雖然辛苦，卻是十分有意義的。消防員面對火災這個敵人時，常常也會因為民眾錯誤觀念而多了許多搶救的危機，當民眾擁有正確逃生觀念時，他們除了能自救，也能保護消防隊員的安全。

蔡宗翰說：「防火宣導若只靠少數人是不夠的，它需要更多的人一起來參與，當我們捲起袖子，拚命地、不厭其煩地一直講，講到大家都明白正確逃生自救的觀念後，才能停止。」這樣的說法好像孔子所說的：「任重而道遠，死而後已」的精神。

蔡宗翰在宣導防災防火觀念時，總抱持著「啟發聽眾、打動他們、鼓勵他們」的心態來傳遞正確的理念。當自己的理念被更多人認同的時候，這些人就會替你宣揚想法，你的信念就多再往前更進一步。無論消防或防災工作，蔡宗翰期待更多人能一起來投入、一同來推廣。

蔡宗翰這幾年歷經了莫拉克颱風、凡那比颱風及高雄石化氣爆等重大災害，深切體悟台灣社會除了薄弱的防災意識需要被喚醒外，公部門的災害管理者也應該勇於自我學習與改造。因此，在持續精進自己的簡報能力、宣導要領及授課技巧過程中，他也開始受邀擔任各縣市消防局以及內政部消防署防火宣導教官班的講師，教授消防同仁防火宣導的簡報技巧，並透過自己分享的歷程，讓現場的消防弟兄能說個好故事，讓更多人重視防災、逃生的觀念。

蔡宗翰說：「在一場演講單純講信念是不夠的，必須把自己積極的行動加入演講的旅程，才有機會讓現場的聽眾產生更大的鼓舞或激勵。」

一如當年TEDxTaipei年會的評審丁菱娟誇獎蔡宗翰的：「宗翰在很短的時間破除大家的迷思，用說故事的強大感染力，讓大家知道在生死一瞬間如何自救、救人。顛覆舊有觀念，傳遞新知的堅持，宗翰的演講對大家產生的震撼和影響是很大的。」

蔡宗翰在與消防同仁談防火宣導技巧時，第一件事必定會先探討「台灣防火宣導的困境與思維」，唯有先體認到目前的問題與困境，才能找到相應的解決方案，並透過精準的簡報設計，傳遞正確的火災求生觀念，加上好故事的穿插，加強宣導防災求生的重要。

這是我從蔡宗翰身上看見的陽光態度與堅定信念：面對災害，我們無須杞人憂天，或是過度的憂心忡忡，只要作好準備，貫徹正確的防災原則，大多能化險為夷，有驚無險；同時，正確的防災逃生觀念也正悄悄地在我們的心底生根發芽。

## 防災觀念擴及移工新住民

蔡宗翰說：「防災觀念不能只局限台灣，在多元族群融入本島時，我們也要考量外籍移工在台的人身安全。全台有高達五十五萬兩千名移工與四萬三千名新住民配偶，來自東南亞的他們，有可能因為國情、建築結構的不同，對於火災與求生的觀念與台灣有所差異，我們不能無視新住民的安全與潛在需求。」

有一次新聞報導提及：台南某間公司發生大火，公司的外勞都不知道發生火災要打一一九，輾轉透過當地人協助，才及時脫困。同時，蔡宗翰也觀察到：目前台灣的建築物大多是鋼筋混泥土，所以要宣導「小火快逃，濃煙關閉」的原則。但是，東南亞的房屋大多是木造房屋或鐵皮屋，當他們遇到火災，其實就必須想辦法逃出來。基於這個事件，蔡宗翰開始擔心移工或新住民，未來會不會因為不了解台灣的防災逃生方式，導致他們生命受到威脅，甚至釀成大禍。

因此，蔡宗翰在二〇一六年一月二十九日將想替自己在TEDxTaipei演講的影片與逐字稿約兩千兩百字，翻譯成英語、印尼語、菲律賓語、泰語及越南等五種語言。這樣的訊息一放到他的Facebook、個人部落格，透過群眾協力的方式，竟在短短六小時號召到許多民眾，將影響擴及到十種語言的協助。讓蔡宗翰把防災觀念擴及移工新住民的想法，很快地實現，甚至超越原本的預期。

有了這一大步的躍進，蔡宗翰開始關注台灣的移工和新住民，期待未來能讓他們直接透過影音的觀看，明白火災求生的正確觀念，讓影響力與普及性擴及到多元族群，達到接軌國際的目的。

一如作家洪震宇所說的：「一個有故事的人，在於你的動機與熱情，透過行動去檢視自己的人生究竟值不值得活，讓平凡的你，變成能夠訴說表達的不凡故事。」蔡宗翰所做的，便是一位看似平凡的消防員，透過自己的熱情與想像，讓更多人因為他的實踐力，而成為共同書寫防災逃生扉頁的夥伴。

## 創新做法，引領防災潮流

這兩年，消防部門為了宣導防災觀念，也不斷地嘗試推陳出新，除了演講法、體驗法之外，影音行銷也成了消防部門的重點創新做法。滑世代來臨，當我們都習慣用手機傳遞資訊、擷取訊息，或許影音的傳遞會比一場一場的實地宣導要來得快速，影響力也較能達到無遠弗屆的效果。

因此，對於影音製作蔡宗翰是很有自己想法的。他曾在自己的部落格寫下一篇關於「創新」與「有效」兩者有何不同的文章，也試著與讀者分享在追求創新之餘，我們更要清楚地掌握影音行銷背後的觀念、方法與邏輯。

蔡宗翰提到許多在拍攝影音的新思維，例如「價值為王」。一部好的防災影片必須把防災觀念與觀眾渴求的價值連結起來，當我們提供的價值被觀眾認同了，產生共鳴感，觀眾自然會接受影片所提供的價值與方法。

一直有充沛創意的他，進一步提到「點子無價」的概念。觀眾不喜歡置入性行銷，或是被「政令宣導」的感覺。一部好的防災影片若能以一個好點子為主軸，不落入窠臼地讓人對防災產生印象深刻的認同，這種價值的傳遞自然容易被接受與實踐。

蔡宗翰還提醒我們，行動裝置觀看跟桌上型電腦是不同的使用情境。現代人多數是在通勤、等人時，以片段的形式在觀看影片，如果影片未能在點入的十秒內引起觀眾的注意，他們會馬上關閉視窗，點入下一個視窗，觀看下一段影片。蔡宗翰是如此洞悉新媒體時代的特質，讓消防、防災的觀念，能以最新的方式，立即地傳遞而出，並提供有用正確的資訊，讓讀者、觀眾可以用更有效、更快速的方式來澄清觀念，建立價值。

蔡宗翰走在時代的前端，為防災的園圃注入新潮流、新思維的活水，孜孜矻矻地傳達防災觀念與價值，他的努力猶如辛勤的園丁，在揮汗耕耘之下，終見開花結果的盛景。

## 吸引夥伴，擴大推廣效益

蔡宗翰成功站上TEDx Taipei舞台之後，學校、公司陸續進行熱情的邀約，其他合作的組織和團體也願意加入消防宣導和防災觀念的推廣。TEDxTaipei讓每一個職業的亮點人物，發揮更大更正面的能量和影響力，也讓一般人對自己的工作有了信心與熱情，開始願意跨出去，嘗試新的做法。

蔡宗翰說：「以前宣導防災就是單打獨鬥、單槍匹馬地去社區、學校做宣導。自從理念從TEDxTaipei快速分享出去後，很多的合作與資源都是透過社群網路來集結。因此，消防宣導不是只能由消防人員來做，我們可以穿針引線地結合各界的力量與資源，一起來推廣防災逃生的觀念。以翻譯TEDxTaipei影音為例，若以政府機關的角度來推廣，要編列預算、招標、審查、付款……歷經這繁瑣的程序後，或許民間早已透過社群網路，自發性地完成翻譯影音的工作。這也讓我思考到：政府機關的網站或社群網路點閱率都不高，因此，我試著把與火災相關的迷思，逃生的觀念、各種防災的看法，以淺顯易懂的方式，結合時事與邏輯論證的筆法，透過強勢品牌的商業媒體，例如《商業周刊》、《天下雜誌》、《關鍵評論網》的刊登轉載，讓更多民眾得到正確的防災觀念。」

因此，蔡宗翰開始瀏覽點閱度很高的部落格，學習如何寫出一篇生活化的文章，有助於民眾從災害的時事與評論的觀點來切入，讓文章看起來像是朋友間在分享觀念、澄清迷思的形式，讓大家注意到一些防災的正確觀點。

透過影音、文章的傳播，讓蔡宗翰號召更多的夥伴，協助他一起來推廣防災逃生的理念。例如，最近蔡宗翰在媒體專欄的文章，大多是把一個防災的觀念蘊藏在生活時事之中，不僅是向讀者進行防災宣導和觀念的傳遞，更以實際的新聞事件來讓民眾了解，未來遇類似的情況與危機時，可以作出哪些正確的應變與選擇，轉危為安。蔡宗翰書寫的防災文章，不僅可看性高，也脫離政令宣導的色彩，成為高點閱率的防災達人，讓讀者也成為推廣防災逃生觀念的好夥伴。

## 變成一個有故事的人

蔡宗翰被許多簡報界的高手們誇為「神人級講者」，他本人倒是很謙虛地說：「有太多前輩比我厲害，他們說的故事常讓我熱淚盈眶、熱血沸騰。我自己平日還是過著和一般消防員相同的生活，當你內在渴望自己不斷進步時，為了達成這個目標，就會開始去挑戰自我，超越自我，願意吃苦、大量練習。經過不斷地累積與嘗試之後，你會發現自己害怕的事情克服了、不會的能力增進了，人生的風景變得絢麗繽紛了。」

蔡宗翰的消防員人生透過不斷地與自己對話，讓更多的人因而明白災難是可以預防的。當災難來臨時，我們都能有更好的選擇。蔡宗翰也從閱讀別人的故事，找到自己生活的價值、工作的信仰，最後成為一個有故事的人，讓我們看見一位消防員以最自信的腳步走出自己亮麗的人生之路。

蔡宗翰是如此喜歡作家洪震宇勉勵過他們的話：「一個有故事的人，在於你的動機與熱情，透過行動去檢視自己的人生究竟值不值得活；讓平凡的你，變成能夠訴說表達的不凡故事。」在我們眼中的蔡宗翰打火、演講、寫作、製作影音……他正以源源不絕的創意與熱情、劍及履及的行動力，讓台灣救火哥的傳奇故事不斷被改寫著。

## 如何說個好故事TIPS

1. 事前的練習，要多觀看演講影片，用做中學的方式，讓自己的口語表達與演講技巧持續進步。
2. 設計有文案力的簡報，圖像要能吸睛、文字打造心像，協助演講內容的推展。
3. 構思演講的主題，可以從分主軸定位，重點主標，輔助次標，尋找素材四個部分下手。

4. 善用觸動觀眾的五感元素來設計演講內容，如：視覺（簡報）、聽覺（口說能力）、觸覺、味覺、嗅覺（上台互動、有趣道具）等。

5. 在高潮中結束演講，能讓觀眾大呼過癮，持續追蹤你的後續發展。

## Jason 的話

## 蔡宗翰：破解迷思，訴諸於情

碰到火災時，你會(1)躲到浴室裡，(2)往高處避難，(3)用溼毛巾摀住口鼻逃生嗎？事實上，這三個廣為人知的消防逃生觀念都是錯的！

這幾個簡單的問題，恐怕一般人都會回答錯誤，但是這些問題卻也是攸關生死的問題。一般沒有受過消防訓練的人，恐怕也不會想到這些問題。宗翰是一位對災害防救工作的推動充滿熱忱與理想的消防員，歷經了眾多重大災害，除了積極喚醒民眾的防災意識，也勇於進行自我學習與改造。

如何讓他的防災的故事生動呈現又不像一般的政令宣導，是這個演講的挑戰。最好的方法就是開門見山，開場時先問幾個問題，抓住觀眾的注意力，再循序漸進，將正確的火災求生觀念，導入觀眾的腦海中。由於只有八分鐘，節奏必須要明快，要能夠讓觀眾一看就能明瞭事態的嚴重性，所以宗翰在他的投影片上下了很多工夫，藉由視覺的刺激和生動的表現，緊緊扣住觀眾的注意力。

那要如何把觀眾帶回來呢？結尾的設計很重要，在最後一分半時，宗翰講了一段他自己親身的故事，描述同袍在一次救火行動中喪生，他回家時看到兒子殷殷期盼的樣子，更讓他感受到生命的寶貴。故事的結局是最精采的，把情緒收回來，讓這個故事有了支點。

行動上，除了不斷提升政府部門防災應變能力，並致力於突破現有困境，將正確的火災求生觀念，加深推廣至社區與校園。面對災害，他認為對未知災害抱持敬畏與擔憂，並持續提出警示，對社會更有意義。

# 用愛翻轉迷途的生命

# 張進益

TEDxTaipei 演講
**「一份無私的愛 讓迷失的孩子走回正軌」：**
**tedxtaipei.com/talks/chin-yi-chang**

照片提供：張進益

**經歷:**

台灣宣教神學院教牧諮商碩士、元智大學社會政策暨社會學科學所碩士、衛理研究院諮商證書班畢，財團法人基督教更生團契附設桃園縣私立少年之家執行長。投入社會工作陪伴偏差行為少年十七年，曾是更生人，入獄多次、混黑幫，最後選擇走入第一線，幫助孩子脫離黑幫。

桃園少年法庭假日輔導外聘講師、桃園高關懷服務青少年方案計畫主持人、教育部校外會校園反毒宣導講師、桃園市榮恩關懷協會秘書長、中華民國全國育幼關懷協會理事、桃園市政府兒少權益委員、大改樂團創辦人。曾參與兒少權益保障法、安置機構專業人員、社福專業人員等法條修訂。

張進益戴著一副黑框眼鏡，打扮整齊，言談彬彬有禮，尤其溫暖的招牌笑容，像鄰家大哥哥般，孰不知他的胸膛、手臂是刺著龍虎紋身的圖騰，原來，他也曾有段荒唐不為人知的經歷。

打開晴朗的窗扉，就看見湛藍的光芒；打開雨天的窗扉，就看見風雨擊打的冷寒。桃園少年之家主任張進益投入社會工作，與太太攜手陪伴偏差行為少年，歷經十多個寒暑。夫妻度過孤獨行旅的厄境，也嘗過人情冷暖的奚落，但是，那份疼惜更生少年的初心，讓他們堅持了十多年，從未放棄。

是什麼樣的魔力，張進益竟讓處於狂飆期的孩子說出：「生我者父母，知我者張輔導」這樣暖心的話語？是什麼樣的深情，張進益竟能在風雨擊打中，挺立不倒，讓這群孩子被大家看見他們身上熠熠閃爍的光彩？

張進益也曾年少輕狂、誤入歧途過，他混過黑幫、注射過毒品、入獄多次。是愛的繩索拉住即將墜入萬惡深淵的他，上帝有情的呼喚，讓他從無望的江湖路轉彎，有了徹悟瓦燈的指引，讓他邁向真理的康莊大道。

重新回歸正常生活的張進益，感知他人無私的愛與關懷；體會他人真心的接納與包容，升起傳承這份愛的火把，善待每個生命裡遇到的孩子們，為他們燦亮闃黑的生命之路，讓他們能從自暴自棄的幽微世界，蛻變成樂於分享、為人生奮鬥的陽光少年。

張進益熱情地走入輔導青少年的第一線，幫助孩子們脫離黑幫，組成飛行少年，創立大改樂團，陪同他們進入少年監獄演唱，拍攝微電影《Big Change大改樂團》，最後，站在OPEN MIC的舞台，讓更多人注意到這群更生少年，不只吸引企業家、名人支持大改任務「少年飛行屋天使基金募集計畫」，也讓他們從社會黑暗的角落，有勇氣走進人群之中，訴說自己重生蝶化的故事，讓更多人認同這群孩子擁夢飛翔、越過生命低谷的生命故事。

## 暗黑天使的重生之路

張進益看著身邊的飛行少年，就如同看見當年走向荒唐少年路的自己。再回首，他反而感恩自己的人生路走得比其他人崎嶇窒礙，也感謝跌跌撞撞的成長之路，帶來的傷痛與苦澀，讓他更珍惜四季遞嬗，一簇花叢的綻放，一片落葉的飄落，享受因為付出而寧靜無雜的心緒。因為在最無助的時候，感受到被「拉一把」的恩情，讓他許願要將「拉孩子一把」當成自己一生的志業！

張進益懊悔地說，家中兄弟姊妹雖然眾多，但身為家中么子的他卻受到父母特別的寵愛。因為父母溺愛他又疏於管教，國中時期，就開始變得叛逆、愛玩、不愛讀書。喜歡交朋友的他，交友廣闊、五湖四海的個性，被老師貼上壞孩子的標籤。至此，張進益開始變得孤僻又善變，朋友圈越來越狹隘，當自己找不到人傾訴內在憂悶時，就開始學著行為偏差的同學，走入混幫派的不歸路。

張進益神情黯淡地說：「當時，自己打架從不手軟，連老師都敢揍，行為偏差，人生也越來越荒腔走板，從代送毒品到染上毒癮，走入混跡江湖，暗黑天使的不歸路。」

之後，張進益陸陸續續因為毒品案，進出監獄數次。期間，雖然想靠自己的力量擺脫毒癮，卻越戒越無力，越戒越沮喪。他試過針灸、催眠，甚至荒謬的符咒作法，卻無法真正擺脫毒品的誘惑，遠離毒品的世界。

直至最後一次戒毒的機會，他認識生命的救世主耶穌，暗黑天使的人生得以重現光明的曙光。

那是一家基督教戒毒中心，從來都不懂禱告的張進益，在感覺到走投無路與絕望的時候，不知不覺地就虔誠地禱告著：「如果真的有神，這輩子我什麼都不要，請祢救我！救我離開毒品的世界。」

張進益不斷地重複念著這樣的信念，說到淚流滿面時，他真正體會到自己十分渴求一個沒有打打殺殺、沒有恐嚇欺騙、沒有毒害纏身的日子。他只祈願能像普通人一樣，過著平安喜樂、無憂無慮的簡單生活就好。

這一次，上帝沒有放棄他，聽見張進益打從內心發出的呼救聲，靠著不斷地禱告，跟著戒毒中心的勒戒步驟，完全脫離過去暗黑的靈魂。

即時懸崖勒馬的決定，大徹大悟的悔意，張進益得以脫胎換骨、重生蝶化，一如三毛所說：「一切都會過去，明天各人又將各奔前程。生命無所謂長短，無所謂歡樂哀愁，無所謂愛恨得失。一切都要過去，像那些花，那些流水。」

## 更生少年的隱形翅膀

張進益認為，自己得之於人者太多，也想用自己的力量回饋於社會。他只要有時間，就在戒毒中心自主自發地處理雜事雜務，也悉心地照顧和他有相同遭遇的戒毒者。後來，他進一步知道戒毒機構要設立青少年機構，就積極地幫忙，想讓這個機構成為戒毒少年最溫暖的避風港。

張進益說：「一頭栽進青少年機構之後，才發現自己沒有足夠的能力輔導孩子們。不是擁有一股腦的熱情，就能喚回他們回歸正途的初衷，更不是單純地以為天冷了，有人在等他，孩子就會自己回家。即便自己滿腔熱血，孩子們仍不能體會箇中的情分，有時，愛得越用力，反而適得其反，孩子逃得更快；勸得越頻繁，反而嚇到孩子，讓他躲得更遠。」

因此，張進益決定要讓自己具備更多元專業的輔導才能，才足以擔任輔導青少年的工作。他進入拓荒宣教神學院就讀，找到每扇窗都有一把智慧的鑰匙，這把鑰匙也都在我們的手邊。只要我們願意，就能看見世界擁抱我們，對我們展開笑靨的風景。揮別淚眼潸潸的過往，望見希望之光，正照耀在我們的春青歲月裡。

張進益以自身經驗表示：「重新做人看似簡單，實際上有許多要克服的難關。例如，過去用命拚搏、挺著兄弟的義氣，要全然地捨棄，過著一個人的新生活，和過去斷捨離的確不是件簡單的事。還有，要放棄過去習以為常的謀生方式，可能就會面臨斷炊的經濟問題，靠自己創業或投入職場，就必須要有強烈的自信心。」

二〇一二年張進益帶著飛行少年，組成大改樂團，讓自己以嶄新的身分踏進獄所，機緣就是安排得如此巧妙，張進益竟巧遇從前的「同窗」。十多年的時光流逝，昔日的「同學」，一個成為傳道人，站在台上分享改造生命的故事；一個仍坐在台下，受著牢獄之災、毒品之苦。那次，張進益大膽地請求所長，讓過去的獄友站上台來，他想為他進行決志禱告。

「大改樂團」的更生少年陪在張進益身邊，看著他如何輔導少年觀護所一起走過這段難過、難熬的日子，鼓舞他們不要放棄，努力朝向生命的陽光，找到重新生活的勇氣。張進益與飛翔少年的關係就像〈隱形的翅膀〉所傳唱的：「每一次，都在徘徊孤單中堅強；每一次，就算很受傷，也不閃淚光。我知道：我一直有雙隱形的翅膀帶我飛，飛過絕望。」他陪伴孩子擁夢飛翔，給他們希望與勇氣，穿過迷霧，找到夢想。

## 用愛打造少年之家

張進益從黑道毒販變身為誨人不倦的牧師，從遊手好閒的打手到胼手胝足地成立桃園少年之家。看似簡單的生命轉彎，卻是生命謙卑學習的歷程。這個「家」於民國九十年成立，即將邁入第十六個年頭，不僅收容來由法院、社會局所委託安置，在桃園地區還提供外展服務全桃園縣的九十個家庭。「少年之家」目前相關所需設施設備、對外募款事宜皆由廖勳執行長及委員會委會協助籌募，另外，在實務上由張進益和妻子帶領十一名年輕熱情的社工，身體力行，用愛和陪伴的信念協助這些問題少年。

二〇〇一年開始，張進益創立的少年之家就是「財團法人基督教更生團契附設桃園縣私立少年之家」，它專門收容中輟生或可能進入收容所的年輕人，年齡層都在十八歲以下，他們來自失親失養的破碎家庭，或遭受家暴，或被人認為是「無藥可救」的一群偏差行為少年。

張進益回憶，少年之家成立的前八年，只有他跟太太兩位志工。夫妻倆帶著十二名孩子，前途渺茫，不知該何處何從？每次，只要自己跪下來禱告，就會痛苦地落淚。為何做善事做到要錢沒錢，要人沒人，他該繼續堅持下去嗎？雪上加霜的是，每當善心人士來到少年之家準備捐款時，聊不到幾句話，捐款的事就沒有下文了。更離譜的是，有位先生聽完自己的分享，竟在離開前，悠悠地說出：「來都來了，好歹我也捐個三百塊好了……」

當時，張進益有種羞赧的痛苦感，從內心翻騰的愧憤與難堪，讓他差點說出：「我不收你的錢。」只是，信仰開始對張進益喊話：「你都做這樣無私的工作了，還要擺出驕傲的自己嗎？」

張進益收下此生最不想收的三百元捐款，內心悲泣地問：「主啊！要怎樣祢才願意傾聽我真正的需要？」

艱苦地經營少年之家，其中有許多不為人知的秘辛與困蹇，不過，風雨飄搖卻讓他們越挫越勇，等到了少年之家的蛻變契機。二〇一一年桃園縣政府與少年之家合作關顧高關懷家庭，少年之家開始加入專業社工，夢想開始壯大，目標明確，專業社工與熱情夫妻相互激發創意與鬥志，努力籌備少年之家募款計畫，組織「大改樂團」。

到了二〇一二年，張進益帶著孩子舉辦首次的募款音樂會，一如《解憂雜貨店》所說：「地圖是白紙當然很傷腦筋，任何人都會不知所措。但是，不妨換一個角度思考，正因為是白紙，所以可以畫任何地圖，一切掌握在自己手上。你很自由，充滿了無限可能。」

少年之家從無到有，從斷炊到收支平衡，從無人聞問到登台唱歌，張進益沒有為少年之家設限，反而讓這個家充滿無限的機會與擴展的可能。張進益認真地望著我說：「感謝主！讓我看到人生都有一張時程表，再怎麼急，也要耐住性子等待，每個光點，都能看見希望與祝福的火花。」

張進益酷酷地拿出少年之家的模型圖，語帶輕鬆地告訴我們：「未來，我們將籌建屬於自己的少年之家，募集約一億的經費，就能自己買地，興建可以安置兩百人的飛行少年屋，讓他們免於流離之苦，安心就學，將結合安置、自立宿舍、高關懷中心、技藝訓練、社會企業等五大項目的願景，以自食其力，靠自己的力量來照顧更多更生少年以及他們的家人。」

## 無私的愛，飛行少年「樂」上舞台

這群少年從小缺乏父母的關懷與愛，遇到問題，不知道可以向誰求救，當自己走入萬劫不復的道路時，人生也毀了一半。幸好，他們能遇見生命的導師張進益，他相信這些少年在愛的澆灌下，生命就能綻放自信的花朵。只要願意關注他們的需要，靜下來傾聽他們的恐懼，提供安全友善的環境，讓他們可以有機會重新來過。

張進益說：「人性有壞的一面，也有好的一面，亦如水可載舟，亦可覆舟，作好抉擇、擘劃人生是不可或缺的，但是因應瞬息萬變的人生，每個掌舵者，都要學會享受風平浪靜的寧靜，也接受驚濤駭浪的考驗，這就是自己最想教會孩子們的。」張進益觀察到年輕人普遍喜歡音樂，不管是唱歌，或演奏樂器，讓他們善用專長，表現天賦，站上舞台自然能展現年輕迷人的風采。

因此，張進益成立「大改樂團」，用音樂傳遞人間的真善美聖，讓孩子們體驗吹奏薩克斯風的美妙和熱愛學習的快樂，從音樂中褪去自卑，找到自信。他們自選樂器，有的學習薩克斯風，有的學習吉他，一起組團站到少年監獄、校園巡迴表演，一年超過三十場的演出，不僅大受好評，也讓孩子的舞台不斷拓展延伸，展現的能量與關愛也不斷擴散。甚至，這群沒有血緣關係的「家人」還跟著張進益到TEDxTaipei的舞台，介紹自己的名字與專長，這都是他們無法預測的人生翻轉。

曾經，這群問題少年善鬥兇狠，一點都不可愛，雖有可憐之處，但是偏差的言行舉止仍是令人髮指的。輔導問題少年，對於女性社工而言，威脅性高、挫折感重，如果不是少年之家是信仰堅定的組織，真的無法延續下來。張進益主任說，一路走來嘗盡酸甜苦辣，曾經遭幫派圍堵、被少年拿刀恐嚇，讓他內心有許多的感慨，但是看到他所幫助的孩子，能夠回歸正途，縱使再多辛苦都能夠得到安慰。他們相聚在少年之家，從頭開始，尋回屬於自己的勇氣和自信。有的孩子榮獲總統教育獎、有的榮獲全校歌唱比賽第一名、有的四年內勇奪三十六張獎狀，激勵人心、鼓舞生命的故事，正在這群少年身上持續發生著。張進益的少年之家，全心全意地替孩子們打造一個溫馨的避風港，至今已幫助將近一百個問題少年重新恢復正常生活。

「少年之家」輔導過或畢業的孩子們，都會自發性地回來幫忙，讓那些和他們有同樣遭遇的孩子能被讀懂、被擁抱、被同理。曾經有位十四歲的孩子，因為欠缺家庭的關心，成為一位吸毒、飆車的迷途少年，經過長期輔導，找到人生方向，現在二十多歲的他，白天除了在外商公司擔任生產管理幹部，空閒時就自願在少年之家擔任終身志工。他認為自己得之於少年之家，最後還是要再回少年之家奉獻自己的力量。張進益和孩子們的相處一如正向的生命活水，帶來善意的流轉，讓生活的風景變得格外美麗。

## 挺進OPEN MIC的舞台

站上OPEN MIC說自己的故事與夢想，是許多人欣羨卻無法躍上的幸福舞台，張進益如何讓自己和大改樂團，被大家看到、被大家聽到他們的「BIG CHANGE」呢？

張進益靦腆地說：「TEDxTaipei邀請台灣各領域的夢想家、行動家，分享自己的實踐故事與夢想信念。我從來沒有想過：有朝一日，也能站到舞台分享關於少年之家的故事。」緣分來得很巧妙，當時他正在籌備大改樂團公益媒體計畫，替他籌拍微電影的王慧君導演，告訴他：「如果能把少年之家的故事帶到OPEN MIC，那麼熱血指數完全破表的大改樂團，他們勇敢和挑戰人生的故事，或許能徹底改變大眾對孩子們的看法，帶給台灣社會更正面積極的BIG CHANGE。」

於是，張進益進入TEDxTaipei的報名平台，把該繳交的文件、簡報寄出。沒想到，主辦單位送給他一份人生的大禮，通知他可以準備接下來複選的工作。張進益開始意識到要整理自己與孩子們谷底翻身的人生故事。

翻開十幾年的人生扉頁，張進益從萬念俱灰到想要放棄，最後還是咬牙堅持、持續前進，因而，看見飛行少年蛻變成大改樂團的風貌，窺見他們離夢想真的越來越近的幸福。

張進益每說一回孩子的故事，就像洋蔥熏過眼睛似的，每一次都會忍不住地替他們的悲慘境遇而感傷，也會忍不住地想替他們的努力奮進而喝采。張進益謙虛地說：「第一次登上TEDxTaipei的舞台，看見那麼隆重嚴肅的場面，其實滿羞怯的。我像土法煉鋼，用自己的方式說故事，沒有華麗的簡報、高超的說話技巧，懷抱著感恩的心，就安安分分地說完少年之家與大改樂團的故事，對於是否能進入決選年會，就以平常心對待，總是認真地走到最後一步了。」

這一次，上天好像特別眷顧張進益，祂又給他一張OPEN MIC的決選證。

這一次，張進益決定改變策略，把握僅有的八分鐘，以一份無私的愛，讓迷失的孩子走回正軌為題，現身說法地去談一個大哥從「黑」漂「白」的心路歷程，張輔導如何從流氓變老師，讓上百位青少年跟著他一起戒毒的感人故事。

張進益說，他不怕標籤化，當年和六個兄弟一起在左臂上刺龍，其中五人因吸毒或意外接連過世。他留下刺青當作自我的警惕，以此告訴自己：若是自己都不能坦然面對，別人怎會去接受你？任何事情做錯了就是做錯了，想改過向善做回好人，還是必須付出代價。他甚至難過地說：「毒品，害我失去了哥哥，我也因幾度吸毒過量瀕臨死亡。」

在演講的最後一分鐘，張進益讓大改樂團的孩子站到台上來，向大家宣告他們浴火重生後，找到亮麗人生的舞台，孩子自信昂揚的眼神，感動台下無數聽眾的心。

## 浪子回頭金不換

二〇一二年張進益帶著飛行少年巡迴表演之後，他們決定成立樂團，倒是一直難產的團名「困」住他們許久。他們都在意這個團，一時間竟無法找到大家都能認同或喜歡的名字。

後來，孩子們靈機一動地說出：「自從進入少年之家後，我們的人生和以前都產生了大大的改變，就像車子大改一樣，不如就叫大改樂團。」

過去別人口中的浪子，在張進益輔導有系統、有目標的教導下，透過感動、活動、行動、運動的夢想歷程，以更生少年幫助更生少年的故事，影響所有的青少年相信自己，願意加入改變自己和改變世界的行列。

最讓張進益印象深刻的是：有一次聖誕節，大改樂團到台北女子看守所表演。其中一位少年突然舉手請求張進益讓他上台分享。

孩子在得到他的首肯後，這位少年拿起麥克風說：「台下的姊姊、阿姨們，妳們知道在監獄外，有等著妳們回家的孩子嗎？剛看到妳們的臉龐時，內心不自覺升起一股怨恨的感受。但我知道，自己不能用憤恨來面對妳們，我得要學習感恩社會、感恩一切。只是，我知道，正在等妳們回家的孩子，其實過得很辛苦，就像小時候的我一樣。我的母親坐牢、父親吸毒過世，被同學排擠，結交壞朋友，流連網咖、吸食毒品，最後因偷竊而被逮捕，我的人生幾乎毀於一旦，幸好遇見張輔導……親愛的姊姊、阿姨，答應我：請妳們重新做人，重新開始，因為妳們的孩子都在家裡等著妳回去……」這場臨時加碼的喊話，震驚在場所有人，台下此起彼落的啜泣聲，讓人動容。

張進益熱心地說：「青少年通常渴望我們用一顆誠摯的心，用心傾聽他，甚至能及時回覆他各式各樣的人生問題。年輕的我們，都有難言又掙扎的內心小劇場，如果，不小心走偏路，就及時回頭；內心如果破了個洞，就快點縫補起來，浪子回頭的勇氣，還是來自於家人疼惜自己的愛，身邊的人悅納自己的情。」

張進益是飛行少年心目中的伯樂，「飛行」是「非行」的諧音，也就是「非常行為」，暗示行為偏差的弦外之音。在張輔導與少年之家社工的努力下，他們透過音樂、課輔、團體活動、關愛與陪伴，讓一百多個問題少年，能走出自我懷疑、晦暗青澀的生活，找到人生目標，擺脫陰霾，迎接向陽的日子。

你能想像黑道大哥化身輔導員的故事，讓飛行少年成為熱血指數破表的大改樂團嗎？張進益不只翻轉自己人生，也改造了更生少年的人生，讓無數飛行少年的故事，就在我們的身邊溫情上演著……

## 如何說個好故事 TIPS

1. 找一個能激勵人心的故事，案例要帶給觀眾新鮮感，最好能以自己的生命經驗為例。
2. 分享要有與台下觀眾互動、情感交流的機會（最好是在開頭或是結束）。
3. 每次的演講都要能發揮效果與影響力，例如，讓大家認同你的觀念，找到共同價值。
4. 他山之石可以攻錯，多聽別人的演講，多向別人學習，可以增進自己的演講技巧與內容。
5. 內容要讓觀眾印象深刻，某些橋段要出奇制勝，與時代脈絡接軌。例如，自己和大改樂團一起登台，用音樂改寫分享的氛圍。

## Jason 的話

## 張進益：自身故事照亮迷途少年

桃園少年之家主任張進益，在年輕的時候也曾誤入歧途，多次進出監獄，最後終於幡然醒悟。他決定用愛幫助其他和他一樣經驗的孩子們重新回到正軌，在幫助這些孩子的過程中，他也曾遇到種種的挫折，如外界的不支持、孩子們的頑皮……但最後的結果值得欣慰，回報他的是更多的愛。

張主任的演講真誠而令人感動最重要的關鍵是：他說的是自己成長蛻變的故事。從自身的反省照亮迷途少年的一條路。一個好的故事要能呈現主角如何克服困難，在旅途中抗拒誘惑、抵抗威脅，找到心中的那一盞明燈，一步一步朝著夢想前進，最後到達目的地。

張主任的故事也是一段追尋人生意義的故事，他把這個追尋的體驗帶到身邊的迷途少年，創辦了桃園少年之家。演講最後，邀請少年們上台親身見證，也把故事活生生地呈現在觀眾面前。每個少年不但在少年之家找到歸屬，進而修習課業，學習才藝，並且組成樂團，推動反毒運動。

# 走一條人生百味的路

## 朱冠蓁（朱剛勇）

TEDxTaipei 演講
**「用最簡單的方式幫助有需要的人」：**
**tedxtaipei.com/talks/2014-kuan-chen-chu**

照片提供：朱冠蓁，出處：輔大生命力新聞。

**經歷：**

人生百味共同吃飯人，石頭湯計畫發起人。設計科系畢業，大食怪。很愛吃，很能吃，最無法忍受的事是有人說不喜歡的食物「好噁心」：如果我們對一顆果實也懂得珍惜，對人便不會輕易放棄，對吧！

去年三月路過街頭後，發現自己回不去了。與夥伴創辦一連串終結浪費、建立交流機會的群眾計畫：把回收拿給阿公阿嬤、石頭湯計畫與人生柑仔店。

我們相信，弱勢不是被切割出來的特殊族群。而是流動的、可被改變的狀態。將彼此拉近，便不會再有所謂「邊緣」。

**發起計畫：**把回收拿給阿公阿嬤、石頭湯計畫、人生柑仔店

二〇一四年TEDxTaipei講者

二〇一六年《關鍵評論網》未來大人物

你知道，台灣每天製造兩千公噸的廚餘嗎？你知道，這些廚餘量可以堆成至少七十座一〇一大樓嗎？你知道，廚餘會產生大量甲烷，它是造成地球暖化的溫室幫兇嗎？

朱冠蓁和好朋友巫彥德、張書懷三人創立「人生百味」，從三人團隊到擴展到四位正職、六個實習夥伴、一位田野研究員和一位攝影師的規模。它成立的初衷是想解決全球食物過剩問題，推動公平貿易的發展，以及關心陷入弱勢狀態的人們。

朱冠蓁說：「我們的夢想沒有很大，但絕不容許自己視而不見，每件你我都能做得到的事，就需要一點雞婆的心意。你不需要花很多的錢，更不需要有很厲害的能力，你只要願意，就能讓弱勢的人改變弱勢、脫離弱勢。

「別人幫助街友，可能會用捐款、捐物資、發便當。我們卻想用自己會的方式，上網募集食材，把剩食變成一碗又一碗的幸福料理，直接熱騰騰地交到街友手上，和他們一起分享、共食。」朱冠蓁說話的眼神堅定，透露微亮的希望光芒，年輕人用自己的力量，讓我們知道：只要有心，人人都可以從生活周遭，啟動友善社會的翻轉。

這一路走來，朱冠蓁從最簡單的發想「把回收拿給阿公阿嬤」到「石頭湯計畫」、「人生柑仔店」、「南機拌飯」等計畫，都是透過直接互動去除弱勢狀態的刻板印象與標籤。這一切的努力，都只是想對身邊的街友多做點什麼，即使只是陪他吃一頓飯、聊個天，都是在付出自己對街友的愛與關懷。她期待更多人加入他們，走一條人生百味的路，何樂而不為？

## 勇敢跨出這一步

俏麗短髮的年輕女孩，她的百味人生是什麼豐富的滋味？從小生活在舒適圈，也未曾接觸過街友的朱冠蓁，她的人生為何會因他們而有了重大的改變？

來自熱情的南台灣，大學時期因閱讀《糧食戰爭》，開始注意跨國企業剝削農民的事例，從此對公平貿易等議題產生關注。不過，從國立高雄師範大學視覺設計系畢業後，朱冠蓁還是進入設計公司上班。那段時間，她也在摸索如何成為一個快樂的社會新鮮人，如何從忙亂的生活步調中，努力地找到工作的重心。

只是，工作越做越累，越做越氣餒，人生好像找不到光。朱冠蓁常在夜深人靜之際，鼓勵自己：這一切的痛苦將會是未來美好生活的養分，只要自己肯努力，就能在未來看到豐碩的成果，樂觀的她也相信：明天會更好。

後來，朱冠蓁在非營利組織認識一些從國外名校畢業，卻從不汲汲營營於賺多少錢或要晉升到哪個社會地位的朋友。他們在乎的是，這份工作是否能帶來內心的快樂與滿足，在工作中，看見自己存在的價值。

錢可以賺得少一點，但是，熱情卻不能被現實澆熄。朱冠蓁開始認真去思考：自己想過的生活，想走的路，還有，在平淡的生活中，心底也不斷竄起這樣的聲音，提醒著她：是不是該走一條自己的路，做些有意義而不會後悔的事？

二〇一三年在家人的支持下，她離開設計公司，進入自己夢寐以求的台灣公平貿易協會工作。自此，她找到人生的志業，也成為一位年輕的社運工作者。在協會任職期間，一群志同道合、有相同生活目標的夥伴，陪著朱冠蓁去闖蕩、去圓夢，讓她不再覺得工作會帶給她疲累的感覺；相反地，她越忙、越累，內心卻越快樂。

後來，在緣分的牽繫下，朱冠蓁結識未來將一起創立「人生百味」的好朋友巫彥德與張書懷，朱冠蓁勇敢地跨出的這一步，就是人生百味的第一步。

## 為什麼要叫朱剛勇？

你在臉書上打「朱冠蓁」三個字或許會找不到她的蹤影；若打上「朱剛勇」，反而很快地連結上她的臉書動態。很多人常問：外表甜美可愛的朱冠蓁，為什麼會有一個如此陽剛又特殊的別稱呢？在我看來，朱剛勇，似乎正暗示著朱冠蓁是一位年輕美麗，又擁有剛正心靈的勇敢女生。

朱冠蓁以逗趣的口吻說：「朱剛勇是小學五年級時同學替我取的綽號。小學生用自己當時能想到最厲害的形容詞『剛勇』來想像我帶給他的感覺，其實滿值得被保存或沿用下來吧！」

認識朱冠蓁的朋友都知道她是個十分有正義感的女孩，一如自己慣用的朱剛勇三個字，剛直、勇敢、陽光。她不只無法視而不見眼前的問題，還試圖透過自己的熱情與創意，號召更多的個人力量，連結社會團體的資源，慢慢突破現實的框架，幫助更多的弱勢，也讓社會變得更溫暖些。她認為：幫助與被幫助之間，通常是正向的循環，兩者相互扶持，讓彼此能攜手前行。

偶爾，朱冠蓁在協助街友時，也會看見自己內在的脆弱與害怕，也會湧起莫名的孤立無援與恐懼。但是，內心的「朱剛勇」就會跳出來提醒她：妳是那個看到不公不平，就會剛正不阿站出來捍衛正確價值的勇者。

或許「剛勇」的圖騰早已在當時烙印在朱冠蓁的生命中，讓我們在她美麗瘦弱的外表之外，看見大家眼中的街友小太陽，朱剛勇。

## 這一摔，摔出對弱勢的看法

甫大學畢業，北上工作的朱冠蓁，曾在租賃住處的樓梯間摔倒。猛然跌墜，從脊椎升起的劇痛，連靠自己撐起雙手站起來都沒有辦法，環視一看，周遭沒有一人，此刻的她擔心害怕極了。

這一摔，摔出了內心的脆弱、恐懼，也摔出了她對弱勢的重新詮釋。當下，全身癱軟的她，開始驚覺到自己的人生有可能從此作「廢」了，剎那間，她也成了站不起來，孤立無援的弱勢，這種無助的心情升起後，讓她聯想到街友的處境。

朱冠蓁感性地說：「當時，摔落在樓梯間，無人聞問的自己，彷彿流落街頭的街友，身上正承受著某種傷、某些痛，卻完全找不到人能幫助，那種情緒是一種嚇人的絕望。」

這一摔，摔出朱冠蓁對弱勢的看法：弱勢是每個人都會有的，因為我們每個人都有需要別人幫助的時候。當我們真正走向弱勢，才會發現其實我們在某些時候，也算是弱勢。弱勢不一定是指物質上的匱乏，心靈上的缺乏亦然。有了這層生命真切的體認之後，讓朱冠蓁未來更能同理街友的處境；更能體會街友脆弱的心情。

## 人生百味一部曲：把回收拿給阿公阿嬤

人生常常面臨抉擇：做，或是不做；繼續堅持，或是乾脆放棄。

三一八學運發生後，朱冠蓁、巫彥德、張書懷三個好友，結伴到立法院外抗議靜坐。突然間，朱冠蓁看見一位拾荒婆婆拖著堆積如山的回收車，從她面前步履蹣跚地經過。面對佝僂身影的婆婆，朱冠蓁毫不猶豫地站起來想幫她點什麼。原以為，陪婆婆拖著車走回去的路，只是幾分鐘而已的距離。沒想到，她的回收場竟是五、六公里路之遙的地方。

朱冠蓁開始問自己：我們到底可以為婆婆再多做什麼？能讓她的回收工作能再順利點、永續些。至少，別再讓她受長途跋涉之苦了。

兩個月後，她和夥伴積極地為他們展開了一連串計畫，也讓這個念頭美夢成真。身為網路工程師的張書懷開始架設「把回收拿給阿公阿嬤」的網站，依照冠蓁的想法做出「回收地圖」平台，讓一般民眾能透過網站隨時填報回收阿公、回收阿嬤的所在地。

朱冠蓁沒想到第一次的行動，竟在一週內，天助人助似地在網站湧入數百筆的資料，看來網友都很支持這個想法。網站平台讓大家能按圖索驥，就近把回收物資，交給正在做資源回收的老人，也實現朱冠蓁常告訴自己的，做好事很簡單，就是去做就對了。

這次成功的經驗，讓朱冠蓁的人生百味的團隊正式啟動，更幸運的是，在MIT學者的邀請下，能到印度浦那參加學業界共同舉辦的「廢棄物與回收」研討會，向國際宣揚自己這個看似微小卻力量強大的理念與作為。

這一步他們有勇無懼地踏出去了，也成功地替人生百味打響了第一戰，他們做到讓更多人正視到身邊的弱勢者，也提醒大家：沒有人應該冷漠地視而不見弱勢者，只要願意伸出雙手，你就能讓他們因你而改變，甚至離幸福更近一點。

## 人生百味二部曲：現代石頭湯計畫

朱冠蓁曾在三一八學運現場，目睹遊民索取食物遭拒。

當她聽到：「便當與物資是給支持學運的人運用的，不可以隨便拿給別人……」這些話語迴盪在心底，腦海浮現一個念頭：過剩的食物，要如何才能達到兩全其美的分享呢？

她知道，通常，機會不等人的，想到法子就要馬上行動。

因此，人生百味的第二個計畫「石頭湯」就萌芽了。

這個源於歐洲的故事是，有三位造訪陌生村莊的士兵，想以石頭當作湯底為創意，讓村民自願放入自家的食材，以解飢腸轆轆之飢，沒想到，最後卻和村民齊心地完成一鍋共同熬煮、一起分享的美味湯品。

她和夥伴運用石頭湯的典故和精神，想要喚醒更多人思考：如何透過行動降低食材的浪費，也幫助更多無家者。簡單製作宣傳網站後，他們開始向民眾募集平日買太多、吃不完的剩食，企圖用「剩食」做出美味的石頭湯料理，與街友一起享用，完成現代石頭湯的共食美味計畫。

不過，在執行石頭湯計畫的過程中，朱冠蓁發現團隊沒有人會做菜，沒有人認識社福團體，甚至，他們連一塊石頭都沒有。

朱冠蓁告訴自己：凡事起頭難，遇到困難，就去解決，一步一步地走，真的不用急、不要慌。他們用了三個禮拜的時間，讓許多餐廳、咖啡店，加入石頭湯的計畫，不只成為食材的募集點，也提供他們寬敞廚房烹煮食物；許多前輩更是提供許多供餐上的好建議，以及從事活動時，要注意街友日常起居要注意的微小細節；還有支持活動的萬華直興市場，長期提供新鮮天然食材。

雖是小小的構想，卻在短短的時間，得到社會許多人默默地支持與協助，第一次發現能用一碗簡單、美味、健康的雜炊粥，傳遞「人生百味」對弱勢的關懷，拉近彼此的距離。朱冠蓁開心地說：「人在吃飯時是最放下心防的，因此，石頭湯計畫不只是倡導資源與食材的再利用，還透過一起分享、一起用餐、一起聊天的氣氛，讓街友卸下心防，有機會與他們更近距離的接觸與了解，真正地走入他們的生活。」

與第一線與街友接觸後，朱冠蓁發現街友與過去想像的並不同：他們有秩序地領取食物，還會替身邊的街友預留食物，不貪多也不獨享。

溫暖的感動畫面讓朱冠蓁決定以後要每月固定舉辦，定額提供八、九十人份的餐食給街友。看著她語氣堅定地說：「明明是社會應該做的事，卻沒有人做，那麼，就由我們自己來做。大家多一點雞婆，就能適時拉別人一把，同時，你也可以發現自己擁有改變世界的力量。」說著話的朱冠蓁，堅毅的神情看起來真的好美。

## 人生百態三部曲：人生柑仔店

有了執行回收地圖與石頭湯計畫的經驗後，朱冠蓁在二〇一五年三月正式成立人生百味公司，以社會企業模式來經營。

在進行「街賣者計畫」之前，朱冠蓁和人生百味的夥伴們，透過熱情社工的介紹與街賣者進行面對面溝通，了解他們能販售的商品選擇不多。例如，街賣者小明就建議街賣品要遵循「三不」原則：不能太重，不能太占空間，不能難以囤貨。另外，她也實地觀察到：街賣的困境在於購買者常出於同情角度，回流量並不高，甚至對商品的內含物存有疑慮。

「人生柑仔店」在flyingV以專案募款的形式，成功的募資上線，並藉此深化大眾對街賣議題的關注。接著，人生百味團隊先進行街賣者的形象大改造，以動人的文字書寫頭家故事。在緣分的牽引下，順利地與設計師聶永真有了更近一步的合作，在首波主打時，選定口香糖這個商品進行改造，透過創意行銷，設計客製化商標，把優質產品重新包裝，搭配英文解說，吸引到各消費階層的客人，很快地果然帶來「強強滾」的商機。再輔以網路行銷，搭配有趣活潑的活動,提升街賣的品質,開拓了不少的年輕客源。

當街賣者能被消費者以平等的方式相待時,就更有自信地販賣商品,一如《貧窮、金錢、愛》提到:「真正的幫助未必是施捨,而是給別人一個尊嚴、一個機會,讓他們靠自己的力量改變自己的未來,也讓世界開始改變。」

「人生柑仔店」成功地扭轉社會對街賣者的刻板印象,也讓街友透過自己的力量,加入小農的優質商品,重建商品形象,脫離弱勢的狀態,創造出三贏的成功經營模式。

目前計畫一個接一個地執行,人生百味憑藉著創意、毅力、相信,還是在絕望的幽谷中,讓我們窺見生命之花的綻放,芬芳馥郁,香遠益清。

## 人生百味四部曲:南機拌飯

二〇一六年五月二十二日,人生百味籌劃「南機拌飯」的活動,開始走進南機場二期公寓忠恕市場的舊址。生活在這裡的居民,有許多的長者和小孩,朱冠蓁和團隊扮演一個媒介角色，讓大家因為共食共享的概念，像拌飯一樣，不分彼此地拌在一起，呈現出豐富美好的人生百味來。一群網友、菜販、總鋪師在人生百味團隊的鏈結下，產生了改變舊有社區的力量，帶來的新活力與商機確實很可觀。

來到這五層樓口字梯形建築地下室空間，朱冠蓁以剩食為社區重生契機，籌設共食廚房，持續幫助弱勢者。夥伴們都想靠自己的所學所長，一起實現南機拌飯的理想。彼此不相識的志工，展開一連串社區共煮共食、食物讀書會、剩食再生廚藝班等活動，讓本來自成一格的居民生活圈，開始蝶化、重生，展現社區從所未見的熱鬧與活力，讓舊社區風華再現。

進駐南機場後，居民參與各項活動的熱情，臉上開始露出的快樂笑容，讓朱冠蓁十分感動。在悶熱簡陋的廚房裡，有人贊助食材，有人清洗鍋碗瓢盆，有人加入烹煮的行列，展現總鋪師的身手，汗水淋漓地分工煮食，即便是馬不停蹄地忙著，大家的內心卻是無比的愉快充實。

有時候，社區的小孩天真地黏著團隊的夥伴，直嚷著要幫忙的天真，都讓置身在這個小小天地的志工們，感覺到人間有情、生命有愛的溫馨。

幾個活動下來，人生百味不只和居民成為好朋友，也讓參與的夥伴彷彿走入周星馳電影《功夫》中的場景：在尋常的街弄，南機場的每個人都身懷十八般武藝，臥虎藏龍的他們藏著傳奇的故事，等著我們去了解、去點燃他們的生命熱情。

當平面設計師、網路工程師、商管人員、攝影師聚集在一起時，把自己放進去弱勢處境中，用自己最真誠的心意，感動社會更多的人加入他們，就像拌飯一樣，放進來的食材越多，拌出來的滋味就越多重美味。

在酸甜苦辣的人生滋味雜糅下，南機拌飯的精神就顯而易見。

## 讓他或她有尊嚴地活下去

大半夜做回收的阿公阿嬤、街友、街賣者，他們需要的不是金錢、物資的施捨，而是讓他們有尊嚴、有機會靠自己的力量生存下來，不要成為別人的負擔。

朱冠蓁和夥伴近距離地接觸街友，才發現：過去的他們也曾有過意氣風發的時候，有的還寫過一張漂亮的人生成績單，名校、高薪，不盡然都是我們誤以為的「魯蛇」。只是後來有的受傷生病了，有的在裁員潮裡被淘汰了；有的遭逢人生變故，失去競爭力。沒有工作，子女也無力照顧，不想成為家庭的負擔，就默默離開家庭，選擇到街頭當街友。

朱冠蓁感傷地說：「無家者常給人的印象都是不乾淨的，其實是他們常找不到地方洗澡，最常見的是到公共廁所去擦拭身體。但是，我們想過天寒地凍時，他們的處境會有多艱難、多困苦？如果，我們多點同理，接受社會各式各樣的人能同時存在，包容多元聲音，富人、窮人就能和諧地住在一起。有位老街友的狀況是，他還有兩年才能領到老人年金的補助，這兩年，他努力地找工作，只是大家都覺得他年紀太大了，怕他在工作中受傷，怕他身體無法負荷，很多考量讓他求職處處碰壁，無能為力替自己找一份工作，這也是他心中永遠的痛。他不是不努力，而是別人不給機會，最後也只能流落街頭，自求多福。」

朱冠蓁提到一個細膩的觀察：「我曾到過尼泊爾，發現一件很奇妙的事。這個國家雖然貧窮，可是當地人很少在乞討，甚至沒有太多的街友，無家者可以居住在古蹟、寺廟。當街友有個可棲身的家、有屋可居，他們就不用擔心被驅逐的危險和基本的生存問題，這樣的經驗給我的感覺是這個國家很友善。當無家者別無選擇，必須成為街友，變成所謂的弱勢時，他們想靠自己活下去的勇氣，難道不該得到我們的支持？」

尤其，朱冠蓁回想長期與街友相處的經驗，很認真地說：「當你越理解他們，才知道他們的防備心與恐懼感比一般人更嚴重，若從感同身受出發，一點微小善意的舉動，都有機會讓他們感受到被尊重、被疼惜的情分，就能慢慢展現社會對街友的態度，進行另一種弱勢翻轉。他們和一般人一樣，有好、有壞，有天真、有世故，就像人生就是百種滋味的融合。街友也可以透過我們的一句話、一碗飯、一個陪伴，重新品啜甜美的、快樂的生活滋味，讓台灣的街頭是友善的是舒適的，讓街友不再覺得淪落到這裡，就宣告自己的人生就要終結了。如果不要給他們那麼絕望的感覺，街友還是會靠自己有尊嚴地活下來的。」

很多的善意，帶領我們的社會往前再進一步，每一步都讓我們看到下一步的美麗風景。當我們接近弱勢，了解弱勢，才有機會照顧弱勢；越接近弱勢，我們發現自己也是弱勢，透過善良力量的凝聚，社會將不再出現弱勢。

## 善意流轉，人生百味

人生百味的團隊即便沒有社工、社會學背景，卻願意謙卑地學習，蹲下身與弱勢面對面地接觸、對話、分享、交流，憑藉自己的力量把社會邊緣人、體制外的人，努力把他們拉回來。

朱冠蓁笑笑地說：「未來團隊會持續調整自己未來要走的路線，越來越接近放在我們內心反覆思考的信念。成功不必在我，只希望能集結社會更多的力量，幫助弱勢，讓台灣沒有弱勢。」

人生百味透過簡單有趣的計畫拉近人與人之間的距離，讓大家了解社會某些角落發生的幽微問題，它並不可怕，卻需要大家一起面對、一同解決。每個人都可能會遇到脆弱的時刻，如果，有人能在此時協助，就像及時雨，對他們來說，孤獨、流浪就不會是那麼可怕的事情。或許，把街友當一般人看，認識之前不先貼上負面標籤，不用懼怕、嫌棄的態度對待，這是人生百味最期待看到的景象！

人與人的關係因回收地圖而變緊密了；街友因為一碗簡單的料理而感受到

社會的溫情；街賣者因為人生柑仔店而有尊嚴地為代言商品創造新的價值；舊社區因為南機拌飯的熱情力量，重新瀰漫互助幸福的氣息……

未來，朱冠蓁與團隊會有更多的計畫、更多的創意在社會流轉著，相信人生百味團隊準備好，讓社會變得更友善、更溫暖，也有更多共食共享的故事繼續被書寫下去。

## 如何說個好故事TIPS

1. 不使用二分法，用涵容的態度接納每個故事中的角色。
2. 找出與群眾之間的共同記憶或感受，拉起彼此的同理感。
3. 不塑造英雄，盡情的自嘲與調侃自己吧！
4. 與其提供結論答案，不如引導群眾進一步的反思。
5. 鼓勵觀眾發表想法與經驗，增進互動加強連結。

Jason 的話

## 朱剛勇：破解「幫助弱勢族群」的迷思

我們喜歡用「弱勢族群」來形容某些人，但朱剛勇（冠蓁）認為不該使用這個辭彙，因為我們每個人都可能有弱勢、需要幫助的時候。她身體力行，創立了「把回收拿給阿公阿嬤」和「石頭湯」的計畫，從簡單的小事開始幫助身邊的人。她相信，只要身邊的人都連結起來，將不會再有弱勢族群的存在。

這樣一個簡單的故事，如同小學教的日行一善，再平凡不過了。可是一般人有勇氣、有心做得到嗎？答案是沒有的。大部分的人面對弱勢族群通常會以冷漠態度對之，久而久之，也就不在乎了。剛勇的故事在於每個心中存在的良知，如何用行動去啟動它？只是一個簡單的小動作，日行一善，她的小行動讓冷漠的大眾都感到羞愧。

石頭湯要傳遞的重點是行動力。藉由一件小事來呼籲所有人行動是創造改變的開始。面對生命的挑戰，你的行動力是什麼呢？

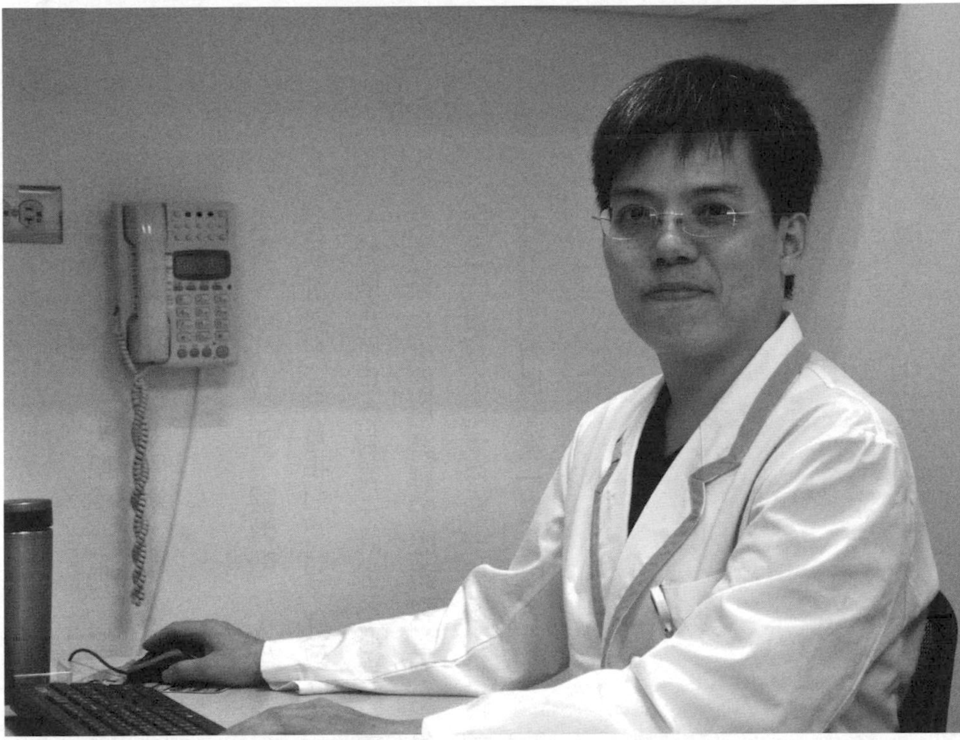

# 素人的進擊，一定「藥」安全

# 張申朋

TEDxTaipei 演講

**「『用藥安全』你不能不重視的潛在醫療危機」：**

**tedxtaipei.com/talks/shen-peng-chang**

照片提供：張申朋

**學歷：**中國醫藥大學藥學系、中國醫藥大學藥物化學研究所

**現職：**奇美醫療財團法人柳營奇美醫院藥師

**特殊經歷大事紀：**

東森噪咖EBCbuzz【翻轉吧，人生】一定藥安全

TVBS健康2.0藥食相剋吃錯了好致命

「校園正確用藥教育」計畫熱心奉獻榮獲績優藥師

反毒暨正確使用鎮靜安眠藥教育宣導有功藥師

開發「搶救小雨大作戰」桌遊，獲得「反轉毒害，健康心生活」桌遊設計徵選比賽派對遊戲組第一名。

為什麼病人會在拿藥一週後，誤把兩週的藥全部吃完？

為什麼病人會誤把皮膚用藥水當成眼藥水，導致失明的危機？

醫藥人員的專業為什麼比不上一台收音機裡的賣藥主持人「老柯」？

台灣國人平均用藥量為何會是美國的七．二倍？七．二倍的背後隱藏著什麼秘密？

全民健保讓台灣民眾享有良好的醫療資源，但是民眾有正確的用藥常識嗎？

國人愛拿藥，也有隨便丟棄藥品的習慣，因此台灣一年丟掉超過一百三十六公噸的藥品。

根據推估因用藥疏失，導致台灣一年約有八千人因此喪命。

聽起來荒謬，卻又真實地在我們生活中上演，那麼誰該來守護國人的用藥安全？

誰又該來教導民眾用藥的正確態度與知識？

柳營奇美醫院的藥師張申朋，看似年輕稚氣的臉龐，說起「用藥安全」卻是語氣堅定、態度認真。他嚴肅地說：「根據統計，在醫院中心的藥師，每個人平均發藥的時間只能有二十六．四秒。你知道藥師的工作包含：核對身分、藥品衛教、指導用藥……在這麼短暫的時間內，你認為藥師真能快速又確實地完成這些步驟嗎？」

聽到這些數字與訊息，心頭還真的震動了一下。沒想到，藥師的工作量那麼龐大又複雜。但是，用藥正確才能保障病人擁有恢復健康的可能。因此，張申朋決定站出來，「藥」上舞台，希望透過OPEN MIC活動的影響力，讓台灣民眾正視用藥安全的重要性。

張申朋更希望自己能在藥師這個工作盡己所能，服務更多的病患，讓更多人因為藥師多一分的關心，多一分的諮詢，而能早日恢復健康的身心，遠離病痛，達到藥到病除的理想。

看見年輕的張申朋，站在舞台專注地傳遞自己在專業領域上的信念與執著時，一份躍動在現場的感動，是帶給關注「用藥安全」的藥師們最大的鼓舞，也是藥師營造「健康社會」的信念傳遞。

## 藥師職志，一生懸命

藥師一直是走在第一線，做好民眾健康守護員的角色。因此，張申朋從不小看自己的工作，雖然工作時間長，也常常有隨時要到醫院待命的經驗，但是，能這樣默默地為大家的用藥安全把關，像個朋友一樣，細心地替病患說明藥品使用的方式，做好藥品諮詢，就讓他覺得心滿意足了。

藥師的角色在醫療體系中扮演著很特別又重要的角色，也肩負著「讓社會有藥用」、「讓民眾會用藥」的目標。電影《一代宗師》有句經典台詞：「念念不忘，必有迴響。有一口氣，點一盞燈，有燈就有人。」我在張申朋站上TEDxTaipei舞台的神情中尋找到「用藥安全」縱深在他生命系譜的一生懸命。他對藥師這份職業由內在而外散發出的熱烈情感，讓我窺見他企圖為這份工作守護些什麼價值，或是期待透過這個工作帶給人類幸福的未來。

當張申朋說出：「很多事情看起來微不足道，一點一滴做起來，會是一個重要的改變。」他也決定「走出醫院，走向人群」，希望凝聚更多相同信念的藥師一起宣導用藥安全的重要，也讓更多民眾重視手上領取的那包藥的價值。

因此，張申朋在自己有限的時間，開始努力思考如何讓更多人關注到用藥安全這個議題，進而保障更多人的身體健康。他很誠懇地說：「如果花一個鐘頭可以保護一群人的健康生命；花六分鐘可以喚起民眾『問專業』的認知，這就是自己鼓起勇氣、克服恐懼，參與OPEN MIC的初衷。」

## 澄清用藥迷思，找回健康人生

張申朋服務的柳營奇美醫院，自二〇〇八年成立正確用藥資源中心後，就以發展台南市民眾正確用藥為重點項目之一，提供民眾正確用藥觀念。因此，張申朋身為團隊的一員，深知用藥安全議題的重要性，也期待透過宣導理念，讓更多人因此而受惠。

張申朋說：「根據調查發現，大醫院平均一名藥師一天要服務四百五十名病患領藥，提供病人用藥諮詢的時間平均一人也只有二十六．四秒。其實，藥師調劑好一張處方箋約需七分三十二秒，其中用藥教育約需兩分九秒。這樣的時間與速度，才能落實用藥安全的宣導與用藥問題的諮詢。藥師其實不是『包藥』的人，他還身負著用藥的專業，檢查醫師開立藥品及劑量是否正確，病人的用藥是否會互相衝突。教導民眾正確的用藥，才能讓病人控制好病情，早日恢復健康。」

台灣存在著許多令人啼笑皆非的用藥迷思，因此張申朋感嘆地說：「醫療人員的專業，有時候在病人眼裡竟比不上地下廣播電台的主持人。聽眾願意花時間聽主持人介紹來路不明的保健食品，甚至自己省吃儉用，掏腰包買、吃這些成分不清的保健食品，卻很少有人願意在醫院領藥時，多花點時間聽藥師解說正確的用藥知識，或是認真地把藥物一一確認、清點好才離開，這樣的用藥迷思其實是我最擔心的。」

後來，張申朋用這樣的例子來作譬喻：領藥櫃台和銀行櫃台同樣都是櫃台，但是，我們到銀行櫃台領錢，一定會清點正確張數或總數才會離開；但為何在領藥櫃台前，病人總是拿著藥包就直接離開，一刻也不願多停留！可見國人對用藥安全的重要性與用藥諮詢的觀念，還是不夠普及。

因此，藥師改變用藥安全的第一步就是走出醫院，走向人群，用自己的方式向民眾澄清用藥的迷思，才有機會讓民眾找回用藥安全的健康人生。

## 生病找醫師，用藥找藥師

在醫院或診所看病，我們都會看到這樣的景象：病患排隊看醫生，等待總是讓病患如坐針氈、焦躁不安，等候看診的耐心似乎也用到極限。病患只要一出診間，走到領藥的藥局，完全是一副耐心盡失，非走不可的模樣。

藥師每天要和這些焦躁與不耐的氛圍周旋，若想與急著要走的病患打交道，練就一身的好脾氣是必要的條件。

張中朋笑笑地說：「我大概能體會病患等不及的心情，但是，藥物的調配是急不得的事，更是馬虎不得的事。只能身段柔軟、態度親切地減緩他們的急躁與不安，在給藥時，多和他們閒聊一下，關心一下病情，傳遞藥師存在的價值與溫度。」

張中朋根據自己從事藥師工作多年的觀察：有些病患長期聽信賣藥廣告的誇張說法，誤以為藥到病除，沒病吃藥還能養身。有些家庭還會自備醫藥箱，內含感冒藥、止瀉藥、止痛藥、皮膚藥膏等……有些是看病留下來的藥品，有些是自行到藥局購買的藥劑。他們有些小病痛時，就自己當起醫師來，為自己診斷病因，然後從家庭醫藥箱中自行拿藥出來吃。他們認為這是病狀都很雷同，只要吃個藥就會好，而且這些藥都是醫生開給他們的，應該沒關係，殊不知藥品有保存期限，依照病情的不同，劑量也需要調整，很多藥也不是萬靈丹，能一吃再吃的。

這些林林總總的例子，讓他更加明白：如果自己不加以行動，就會有更多人病急亂投醫，甚至亂用藥，反而失去真正的健康。

張申朋認為「生病找醫師，用藥找藥師」，這是民眾要先建立的觀念。因此，生病要請醫師診斷；用藥的安全必須靠藥師把關，當全民都重視這個議題時，就能走向用藥安全的正常軌道。否則如同「水可載舟，亦可覆舟」的道理，藥可以治病，亦可以致病，正確的使用藥物才能達到全民健康的理想。

## 用藥資源浪費，健保吃緊

平日害羞、鑽研藥學專業的張申朋，看到民眾因為誤用藥物、浪費藥物，導致身體受創、健保吃緊的現況，於是鼓起勇氣報名OPEN MIC活動。沒想到他一鳴驚人、連過三關，以藥師尬名嘴，「藥」上TEDxTaipei的舞台。

張申朋在TEDxTaipei演講時，曾從那不起眼的紙箱裡，倒出一堆不知名的藥丸。當時現場聽眾無不異口同聲地「哇」了一聲。他從紙箱倒出來的藥品，竟是每天國人浪費的藥品數量。民眾在健保制度的保障下，不懂得珍惜醫療資源，反而有恃無恐地堆放、回收藥品，造成健保資源的浪費。

張申朋憂慮地說：「這個時代，醫生不會隨便開藥給病人，也不是醫生開越多的藥給病患，他就能賺越多的制度。有些被丟棄或回收的藥品是外用的藥膏、藥水，包括一整盒降血糖的藥、高血壓的藥，這些都是標價很貴的藥品。全民一年沒吃的藥品約一百三十六公噸，一天浪費丟掉約三百多公斤的藥品。」

因此，張申朋希望透過TEDxTaipei的平台，更積極地告訴全民：醫生開立給病人的藥，都是具有功能與作用的，病人要按時定量地把它吃完。有些病人病況好轉了，就自行停藥；有的是自己選擇藥該吃哪幾顆；有的是按照自己喜好增量或減量……這不只是浪費藥物，也是誤用藥品的行為。如果，醫師開給你的藥，你不吃，病灶就無法藥到病除的。你浪費的不只是藥品，也嚴重傷害自身的健康，最後還造成健保吃緊，百害無一利。

## 用藥安全，五要五不

在鄉下地方，許多長者因為小時候沒有接受過教育，所以不識字的比例偏高，申朋也遇過一個活生生用藥錯誤的例子。有一次志工大姊帶著一位阿嬤過來，請他教導阿嬤如何正確服用藥物。他接手後便詢問阿嬤：「妳看得懂字嗎？」

阿嬤靦腆地搖搖頭。

「那看得懂數字嗎？」他接著問，阿嬤的反應跟剛剛一樣。當下他決定用藥袋上的「圖示」來當小幫手，但不管怎麼教，阿嬤的答案還是不知道。於是他便興起了幫阿嬤分裝藥盒的念頭，並囑咐她吃完一盒之後，要照著另一盒的模式將藥裝進去。

他還用電腦彩色輸出一張阿嬤的七天用藥圖表，請她照著圖表，一格格對照後再裝進藥盒裡，在一次又一次的練習下，阿嬤終於可以自己完成自己的藥盒，而且完全沒有錯誤，令他滿心歡喜，也期許自己在病人用藥上能夠多一份關心，就能讓民眾在用藥上多一份保障！

張申朋到現場去和民眾宣導用藥安全時，都會先說出五要、五不的口訣。一是要知道風險：例如，長期使用制酸劑（胃藥）會造成胃酸不足、影響營養吸收；二是要看標示：例如，藥品的說明書與使用方法、注意事項都很重要；三是要告知病況：例如，主動告知醫師，是否曾對藥品過敏不適的往例；四是要遵照醫囑：例如，按照藥師的指示用藥，不妄自下判斷；五是要問專業：若用藥有不適的症狀，或病情未改善，請與您的醫師、藥師聯絡。

那麼，五不又是什麼呢？一是不聽神奇療效藥品的廣告；二是不信有神奇療效的藥品；三是不買來路不明的藥品；四是不吃別人贈送的藥品；五是不推薦藥品給其他人。遵守「不聽、不信、不買、不吃、不推薦」的用藥五不原則。

張申朋說：「吃藥和吃飯不一樣，絕不能有模糊地帶，或是模稜兩可的空間。飯吃多了，就是熱量多一點；但藥一吃下去，可能會影響健康，甚至禍患無窮。對藥有疑慮，一定要跟藥師或醫師確認後再吃，千萬不能存有疑慮的心態使用藥物。藥師的工作就是替病人審視藥品、衡量劑量、檢查交互作用，確保病人吃下肚的藥是安全的，我們藥師的工作其實就是替病人把關用藥安全。」

聽完張申朋的呼籲，未來我們拿到藥袋後，請多花一點時間確認藥的數量，有疑問可以直接提問，避免藥師有時候因為忙亂而有疏失。看清楚藥袋上的標示與藥品是否相互吻合。張申朋進一步說：「若有用藥的問題，大型醫院都設有用藥諮詢專線，只要病患打電話詢問，一定會有人回電。藥要怎麼吃、怎麼用，都會有專人為病人詳細解說。只要我們建立正確的用藥觀念，拿藥後，多一份細心，多一份注意，多一點詢問，在服藥前，就可多一份安心，更能增進治療的效果與正確性，也確保自身的用藥安全。」

## 走出醫院，走入人群

張申朋在漫長忙碌的藥師生活中，觀察到台灣多數患者都不太重視用藥安全，有些用藥錯誤的觀念，造成患者或家人不可挽回的遺憾。尤其，張申朋任職的台南柳營奇美醫院也是正確用藥資源中心，因此，年輕熱情的他很早就擔任對外宣導用藥安全的一員。

有一次，張中朋抵達台灣特偏學校南化區瑞峰國小，那是一所隔代教養比例較高的地區，他向國小五、六年級的學生宣導時，就不斷向他們強調：一定要把我的話告訴家中的阿公、阿嬤，務必提醒他們用藥的原則與安全性。宣導用藥安全，其實越小越好，能向下扎根，建立正確觀念外，還能透過這些小朋友來告訴家中的長輩，翻轉他們傳統的思維，祖孫的溫情溝通，效果通常快速又良好。

或許，經歷過幾多場次用藥安全的宣導之後，張中朋有了「教，然後知困；學，然後知不足」的想法。認真好學的張中朋還自費到楊斯棓醫師的簡報課程學習精進，對於簡報設計與說話技巧的能力，有了更開闊的視野，更寬廣的創意。尤其一次課間模擬素人開講的經驗，讓他自知台風與口語表達仍需再多琢磨與淬礪，才能精準傳達自己的理念，向更多人宣導用藥安全的重要。

看似安靜沉默的張中朋，內在卻有強大的藥師魂在躍動著，當他下定決心走出白色巨塔，朝向人群，躍上大、小講台時，他希冀透過自己積極宣導全民正確用藥的觀念，喚醒全民用藥安全性的意識。

有人說，張中朋是OPEN MIC的黑馬，我倒覺得張中朋有強者風範。面對夢想，從未退卻，相信自己，願意跨出這勇敢的一步，讓更多人看見一位藥師的勇氣與堅持。一個人若不勇於嘗試，怎麼知道自己做不到？張申朋散發一位藥師「真誠」的光芒，站上TEDxTaipei的舞台，讓全台灣的人都知道：一定「藥」安全的重要。

## 如何準備？雙管齊下

很多人都誇讚張申朋是素人的進擊。透過短短的十張簡報，三百字以內的簡介，就能成功地表達自己的想法，吸引評審目光，獲得第二輪的門票。

那麼，張申朋到底是怎麼做到的？

張申朋謙虛地說：「其實我是有種初生之犢不畏虎的勇氣，人生沒有什麼事準備好了，才去做的。憑藉勇氣，跨出恐懼的那一步，一步之遙，你就拿到與大家分享一個信念與故事的門票，這對我而言，是非做不可的事。」

或許，張申朋相信自己，相信用藥安全的重要，造就他與其他人不同的人生歷練與境遇。

張申朋接著說：「我不是說得最出色的那個，簡報也不是做得最特別或最有設計感的那個，只是很誠懇地說一個故事的素人藥師。我想說一個會感動自己、聽眾、評審的故事，讓大家都認同用藥安全的重要，這也是我報名素人開講OPEN MIC的念頭。讓全民在短短六分鐘，很快地懂得用藥安全的想法，就必須先『藥』上TEDxTaipei的舞台。這是一個能讓很多人很快聽到我的信念與想法的地方，站上舞台需要熱情與勇氣，身邊的朋友不斷給予我這樣的力量，讓我能順利地在OPEN MIC的活動連闖三關，最後成為登上二〇一五年會TED舞台的Storyteller。」

我很好奇張申朋如何能突破心理的壓力，做出和別人不一樣的演講？

張申朋回憶說：「在製作簡報前，我會先用兩、三天的時間思考演講內容的主軸、方向、大綱。然後，再花個一、兩個禮拜，根據大方向把演講的內容爬梳而出：第一是整理自身觀察、他人的理論、實例故事來串接大綱；第二是整理透過演講技巧來與聽眾互動，激發他們的情感與認同；第三是用自身的熱情來凝聚彼此共識，未來可一起推動這個信念。製作簡報後，我會再去詢問醫療界朋友的意見，或是長期進行簡報的演講達人，多方請教，就能看見演講的盲點，並有策略地找到突破的契機。後來，我就把主題聚焦在用藥安全這個主題上，把自己走入偏鄉、進行社區教育、宣導正確的用藥觀念的故事帶上舞台，甚至期待台灣從都市到偏鄉都能重視用藥安全，養成用藥的正確觀念。」

海選的這段期間，除了自身的準備，張申朋也替自己安排多場講座，雙管齊下，從中尋找素材或靈感。演講會後，也會詢問講者分享的技巧、準備的方向。在上TEDxTaipei舞台前一個多月，張申朋也開了一個FB群組，請教好朋友或前輩們是否能提供他好的建議或提醒。

沒想到，大家都串聯起來協助他，有問必答，甚至熱心地提供自己發想或修正的建議，讓他在準備的過程有了一個很強的後盾與支持。舉例來說，有些事例或是故事，對於醫療人員聽來會是十分感興趣的話題，但是對於一般民眾而言，因為沒有類似的工作經驗或切身感受，容易因為無法同理，就很難與講者互動，產生共鳴。他們提醒他要盡量避免這樣自得其樂卻無法引起共鳴的例子或話題。

張申朋短講的精采處在於：他善於感性的訴求，他的話語溫暖地觸動人心，加上誠懇萬分的口吻，讓在場的聽眾跟著他的話語，走進用藥安全的世界。比起運用理智、邏輯來說服別人的講者，他凸顯出自己能說出打動人心的故事的本領，喚醒了大家用藥安全的思維。

## 翻轉吧！用藥安全

張申朋說話時用語淺顯易懂，說出的故事溫馨感人，背後的警語與提醒卻又字字句句扣緊人心、發人深省。

他說：「我認識一位每天剝龍眼乾長達八到十二小時的阿桑，一天僅得幾百元薪水，天天省吃儉用，卻用一個月的工資買下一瓶來路不明、連公司地址都寫得不清不楚的『食品』來保養腎臟。」阿桑的做法讓他驚訝又難過，身體的健康絕不能斷送在標示不明的藥物上。有任何用藥或病痛，第一時間都要到醫院來問醫師或藥師。還有一個問題是，我們期望國家能用健全的醫療網，保護全民的健康，自己卻以驚人的速度，浪費手上擁有的藥品。

基於這些原因，張申朋認為翻轉用藥觀念最快速的方式就是走到現場去宣講，藥品與健康食品不一樣，有病才能吃藥，健康的身體吃藥絕對是傷身。

他難過地說：「曾經有媒體報導：有位長者因為忘記將有鋁箔包裝的藥取出，在一時不察的情況下，連鋁箔也一併下肚，結果錫箔卡在喉嚨，最後必須使用胃鏡才能取出。混有鋁箔的藥品會導致食道反覆被割傷而出現滲血情形，造成長者不必要的疼痛與折磨。」

張申朋舉了那麼多的例子，就是希望大家能建立用藥安全的觀念，養成正確用藥的好習慣。同時，他更期待願意認同這些想法的民眾，回到社區、家中，也能代替張申朋宣導一定「藥」安全的觀念。當越來越多人重視這個議題，也願意傳遞正確安全的用藥訊息時，就能破除社群網站、通訊軟體、部落格，那些以假亂真的用藥訊息，讓民眾被混淆的用藥觀念得以澄清。

## 結語

有人說：「醫院好像是一間房子，醫師是屋頂，護理師、檢驗師、營養師是地基，而藥師是梁柱，少了誰都不行。藥師扮演各科之間的橋梁，所有科最後都會開出藥品，讓藥師去調配。」張申朋呈現出來的藥師形象，就是能以專業的關懷，正向提供病患對於病況的思考，有助於病患早日脫離疾病，並與病患成為像家人也像朋友的關係。

樂於藥師工作的申朋認為，台灣已經邁入老年化社會，如果，我們願意多花點時間關心身邊的家人、朋友，宣導正確的用藥觀念，那麼台灣就能成為用藥觀念正確的國家。

聽完張申朋溫馨的叮嚀與溫情的訴求，讓更多人願意翻轉用藥的舊思維，一起關心用藥安全的議題。我們也應該積極地加入他的行列，看到長輩服藥時主動關心，多一句提醒，就能讓家人、朋友處於用藥安全的環境中。

如果，年輕的一代願意主動宣導或關心長輩與家人用藥安全的重要，在耳濡目染下，全民就能浸潤在用藥安全的環境中。張申朋素人的進擊，用藥一定要安全的理念，終能成真。

## 如何說個好故事 TIPS

1. 開頭結尾最重要。

2. 只講數據不會感動人心，要講出數據背後所代表的含義，最好能用故事來解釋數據。
3. 講故事時可搭配時事，拉近與聽眾的距離。
4. 如果是講自身的故事，可以加入真實照片，讓聽眾有親身經歷的感覺。
5. 練習練習再練習，記住流程不要記下逐字稿。

**Jason的話**

## 張申朋：荒謬比例法則

如何表現一個人一生中用了多少藥物？現在的健保體制讓我們隨時生病隨時拿藥，無形中造成了浪費，輕微的生病也到大醫院掛號拿藥，這種情況不只造成了藥物的浪費，更養成了生病靠吃藥的習慣。

張申朋是一位藥師，外表也平凡，他就像那個你看完醫生走到櫃台批價後，在領藥窗口等你取藥的安靜的、可以被信任的藥師。然而，在他每天經手的上千個藥包裡，有許多是可以被避免的。如何呈現這樣的矛盾呢？

最好的方法是呈現這件事情的荒謬。申朋把一個人一生使用的藥物平均總量算出來，在舞台上把一堆藥包、藥丸撒滿地。我們或許在拿藥吃藥的過程中從來都沒有想過這件事情的嚴重性，和浪費藥物的荒謬，申朋就像那位安靜的、你可以信任的藥師，忠誠地提醒你：藥物不是萬能解藥，預防與健康的作息更重要。

# 堅持夢想、重視醫病關懷的口外騎士

# 陳畊仲

TEDxTaipei 演講

**「有你關懷，台灣醫療不沉默」：**

**tedxtaipei.com/talks/2014-ken-chung-chen**

照片提供：陳畊仲

**現職**：成大醫院口腔醫學部口腔顎面外科主治醫師

**學歷**：成功大學醫學工程研究所博士候選人（二〇一〇——）

**經歷**：成大醫院口腔醫學部總醫師、美國德州醫學中心研究員

**特殊經歷**：

TEDxTaipei 二〇一四 speaker（OPEN MIC）

百年樹百人專業講師培訓結業

第一屆超級簡報力演練比賽亞軍

**得獎**：

二〇一四年新思維國際醫學論文與寫作工作坊統計製圖大賽首獎

二〇一四年台灣口腔顎面外科學會最佳口頭論文

陳畊仲替自己取個「口外騎士」的外號，一是他的專長在口腔顎面外科，騎士是自己對生命形象的期許。陳畊仲堅持夢想、關懷醫病的故事讓人想起中世紀的騎士精神，第一個直覺是醫界的唐吉訶德。

過去，陳畊仲看到醫療環境崩壞，曾有過逃避的心態，或許是潛意識提醒自己人微言輕，無法對大環境做出改變的無能為力。直到太陽花學運好像黑暗中的一道曙光，讓陳畊仲的人生照亮未來醫者的使命。但是，真正讓他從出走到回歸的轉折是蔡依橙醫師的「服貿問答集」，彷彿當頭棒喝似的，原來「超級好」才叫做好，不再害怕環境對自己的掣肘與限制。

陳畊仲看到楊斯棓醫師自費下鄉的行動，用自己的力量，分享超過兩百場的節能減核演講，循序漸進地影響民眾對於非核家園的信念與守護時，彷彿看到可以仿效的對象與方法。透過有效溝通，傳達理念，進而造成改變。

於是，他積極加強自己的溝通能力，找到追尋夢想、堅持到底的率真，更有路見不平拔刀相助的豪情，一如朋友所說的：「陳畊仲是個看到有人需要幫忙，就會勇往直前、兩肋插刀的傻瓜。」

三毛曾說：「其實，我們每個人都是天地間的過客，一個人的聲音和足跡，如果能被另一個人深深的懷念和銘記，這就是永恆。」陳醫師讓身邊的朋友喜歡著；讓康復的病人感恩著，一位堅持夢想的口外騎士彷彿就在我們身邊，照顧我們、陪伴我們。

陳昕仲嚴肅地說：「當醫師直接走入群眾，擴大戰場，我們絕對不只是守在醫院而已，期許我們能積極地走出去，讓更多人理解到醫師這個行業的困境，還有真實醫療制度即將面對的困難與問題，站上TEDx Taipei的理由有一部分是想讓我們的聲音被聽到。」

如果，要你用五百字、八張投影片、六到八分鐘，就能免費擁有一個告訴別人生命美好的經驗或是一個讓生命發光的夢想，你會願意接受這個任務或挑戰嗎？陳昕仲在偶然機會得知OPEN MIC的消息，就鼓起勇氣去報名。

有人說，這一場短短的八分鐘演講能改變多少人、多少事？但是，陳昕仲以「有為者亦若是」的勇氣，透過自己的方式，喚起一些人一起來拯救台灣的醫療環境，讓我們知道：面對醫療環境的寒冬，我們都不該沉默對待，每個人都能一同守護健全友善的醫療環境，這也是陳昕仲醫師登上OPEN MIC分享的初衷。

## 七大皆空的醫療環境

陳畊仲醫師憂心地說：「台灣目前醫療結構，資源不但留不住，甚至有可能被濫用與消耗，好的醫療環境逐漸因廉價醫療而走向崩盤。如果，未來您有計畫要生小孩，可能有一半的機會找不到婦產科醫生來幫您接生……未來，您的小孩生病時，可能會找不到小兒科醫生替他治病！這不是危言聳聽的說法，而是根據調查後的數據顯示。」

根據調查，二〇一二年，全台灣只有四成的鄉鎮能找得到婦產科醫生接生，如果單以台灣東部來看，數據甚至下修到只有一成六。《天下雜誌》曾用「我的醫生不見了」來當主標題，探討在台灣三百六十八個鄉鎮，有百分之六十六沒有急診外科、有百分之四十七沒有外科醫師、有百分之四十三沒有婦產科醫師、有百分之三十六沒有兒科醫師，這就是陳畊仲所謂醫療的「四大皆空」。看起來超乎我們想像的數據，到底為醫病帶來何種警訊？美好的台灣醫療制度崩壞沉淪的速度，是否快得令人匪夷所思？

過去幾年「內外婦兒、四大皆空」早已是台灣醫療界熱門的議題，如果再包括急診、麻醉、護理，那麼根本已是「七大皆空」了。目前台灣這樣困窘的醫療環境，也難怪新生代醫生會逃離急重症而轉向醫美的世界。

陳畊仲嚴肅地說：「目前連醫學院的學生，那麼年輕的他們對學習急重症醫學都興趣缺缺、意興闌珊。幾年後，我擔心自己或自己的親朋好友，需要急重症資源時，卻已乾枯殆盡，難道我們都不用為這樣的醫療環境負責嗎？」

台灣健保物美價廉的背後，藏著不為人知的隱憂，殊不知廉價的「健保給付」制度，年年虧損，當台灣醫師進行心臟按摩急救申請給付的價錢（七百五十五點）比坊間腳底按摩還便宜時，你認為醫師會如何想像這份志業？當台灣醫師為病患氣管插管的給付（四百六十四點）比水電工到家中換水管的價格還要便宜時，你認為民眾又是如何看待醫師的形象？

醫療崩壞的環境，曾讓陳畊仲醫師十分氣餒，甚至產生想要「逃跑」的念頭。這不禁也讓人反省：台灣醫療就是典型「又要馬兒好，又要馬兒不吃草」的謬誤情況，在現實生活，哪有東西能達到「又快、又好、又便宜」的境界，當資源留不住且被濫用與消耗，引以為豪的良好醫療環境當然逐步走向赤字的黑洞，陳畊仲也在這種環境下，差點當了醫界的逃兵。

## 沉默是改變的阻力

陳時仲認真地說：「過去，自己服膺在嚴師出高徒的理論，沒有嚴格的磨練，無法淬礪出精湛的技術，一如遇霜的柿子嚐起來的滋味會更甜美；浴火的鳳凰飛起來的姿態會更自在。觀念的複製，來自於生活經驗的學習。父親對我的管教是威權式的，醫院的訓練也是一板一眼的，過去的我也複製這樣成功的經驗，對待自己身邊的人，讓他們覺得我是個嚴格又嚴肅的人。尤其，受儒家的薰陶，大部分的人面對不公不平不義的事，通常都是被教導要隱忍，真的無力承受，才會爆發情緒，做出後續。過去，自己也屬於沉默無聲的一群，頂多在電視機前，看到不合常理的新聞，跟著生氣地罵個幾句而已。然後，安慰似地告訴自己：能改變的是自己心情，平凡的我們的確無力改變沉疴的體制，撼動整個社會價值。」

直到太陽花學運的新聞不斷在陳時仲身邊被討論著，他和朋友們開始思考：年輕人都能那麼勇敢地捍衛公平正義，為了守護真理，自主地號召年輕世代一一站出來，為自己的權益發聲。這樣熱血沸騰、劍及履及的行動力，帶給他們很大的震撼與反省。

陳昢仲開始問自己：我願意站出來為自己所關心的醫療議題去發聲、去辯護、去守護嗎？

蔡依橙醫師的演講，讓生命的鼓音不斷叩問著陳昢仲，他決定先從自己做起，開始在臉書發表自己對醫病關係、醫療現場的想法，轉貼各種和醫療相關的文章，希望更多人加入他的討論，開始正視醫療問題。

後來，陳昢仲聽過幾場楊斯棓醫師的演講，開始認同台灣人民內心深處的公民意識，尚未被喚醒，讚佩楊醫師用自己的方式，奔波在台灣各地倡導減核理念，甚至，飄洋過海到香港、美國西岸，也不以為苦。當他聽著楊醫師不斷提出「我們真的需要核能嗎？」的演講議題時，讓他從感動到行動，從沉默到發聲，陳昢仲終於體會到：沉默其實是對陳腐現況的一種默許，一種變相的支持。

陳昢仲輾轉從楊斯棓醫師臉書得知簡報相關課程訊息，開始北上參與超級簡報力課程。陳昢仲發現一場好的演講，需要好的簡報來畫龍點睛，甚至說話的邏輯與段落的層次都需要被大師們提點。尤其，他特別喜歡簡報課程的進行方式，因為每一次的腦力激盪之後，都要現學現賣地演講，在同儕共學、相互觀摩的功效下，容易達到共好的目標。因此，陳畊仲很快地以他山之石可以攻錯的方式，觀摩到各種行業的簡報製作方式，還有發表的技巧。

後來，陳畊仲在臉書上看到TEDx Taipei一系列素人開講的甄選訊息時，就告訴自己：嘗試抓住這次機會，為台灣醫療而發聲，這一次他將不再沉默或是缺席，跨出擲地有聲的步伐。如果能站上舞台，台灣醫療的問題將被更多人重視與討論。

## 準備好再上場

王大空先生曾說：「樹的方向，由風決定；人的方向，自己決定。」陳畊仲醫師在上完楊斯棓的培訓課後，也開始有了這樣的體悟。

上簡報課時，陳畊仲就決定以「有你關懷，台灣醫療不沉默」為主題和演講架構。在簡報課中找到演講的信心與技巧，直到報名參賽OPEN MIC後，也從未怠慢過素人開講這件事。課後認真整理資料、爬梳心境、認真演練，針對簡報細節進行修改與素材的整理。剛開始，他是為了課程演練而準備，到了後來變成為OPEN MIC好好說個信念而準備，三個月的時間，他排定時間表，訓練程序，就是想讓更多人因為這個好故事、好題材，願意投入醫療議題的探討與行動。

最重要的是課程班的夥伴都會在陳昕仲演講完，積極給予他一些意見與鼓勵，讓陳昕仲分享的旅程走得既踏實又幸福。

陳昕仲不藏私地把自己準備的技巧告訴我們：「如果要準備一小時左右的演講，一開始，不要急著做投影片，而是在腦中先架構出簡報的順序與大綱，這一步發想或思考出來之後，再設計投影片，就能事半功倍。至於，架構又該怎麼發想與思考呢？大概可分成三個層次：第一個就是開場，再來主要內容，最後是結尾。簡報課的老師曾告訴我們，開場如剪刀，結尾如棒槌。一開場講者就必須要攫住聽眾的心，打動他內心深處的感動，就能吸引到他的注意力，讓他想要繼續聽下去。簡報的開頭可以運用一些數據，說些和主題相關的小故事或笑話……總而言之，就是要運用一些方法來吸引聽眾想要繼續聽故事或分享。中間的內容就是自己的演講重心，也是展現專業的部分。最後的結語，要精簡有力，最好讓聽眾產生一種意猶未盡的感覺。」

陳畊仲感恩地說：「自從參與外界的簡報課、說話課後，從不同的夥伴的演講學習到分享者試著用自己的方式表達，來讓對方理解，真心地想說服對方懂得自己珍惜的寶貴價值，從中獲得聽者互動傳遞的溫潤情感。」

想為自己工作盡情馳騁的豪情，說出醫院，和大家說故事，談數據，找最初的醫心，讓醫師的角色不再被定位是看病的醫者而已，他還關心自己所處的環境，為台灣醫療善盡自己的力量，醫者之路將更行更遠更踏實。

準備素人開講的過程中，陳畊仲體會到：「愛，不是尋找一個完美的人事物，而是學會用完美的眼光欣賞那個不完美的人事物。」台灣醫療即便不完美，我們都可以一起正視它、拯救它、改變它。讓我們的努力，我們的投入，為下一代營造一個更好的醫療品質與環境。

# 一起當發聲的天使

站上OPEN MIC大聲疾呼的陳畊仲醫師說：「如果，深入地來探討台灣的護病比，你會發現：每個護理師平均要照顧十三位病人，這是全世界第一的比例。相對於澳洲護士呢？一個人只需要照顧四位病人。外科醫師每週工時世界第一，外科九〇・八小時；神經外科九十七・三五小時；整形外科一〇三・六一小時。如此緊張、疲累的環境下，出錯率必然會提高。認真來看，台灣『醫師犯罪率』是全世界最高的，每十天一位醫師被告；每三十八・八天一位醫師被定罪。如此一來，醫病雙輸是未來可預見的醫療結局。自己的健康自己救，捍衛身體，挽救台灣醫療；注重自我健康，珍惜醫療資源，不要食物塞牙縫也掛急診，不要因為被蚊子咬超癢而掛急診。大家都懂得要省電、省水，為什麼對更重要的醫療資源卻不節省？目前當務之急反而是要動手做，省醫療，不要讓拼裝車式的健保壓垮了台灣醫療。」

陳畊仲醫師溫馨地喊話：「醫療人員也是平凡人，更需要一般民眾對他們多些同理心，不要吝惜給他們感謝。當你生氣地說：醫師為什麼都沒來時，他可能正在開刀房或急診是奮力地拯救快消逝的性命；當你說護士對你沒笑臉時，她可能正處理完十幾個病人的事。壓垮台灣醫療的最後一根稻草還有不友善的醫療環境。」

醫療糾紛容易消磨醫師的志向與熱情，當他們為救回病患而努力時，還要面對這樣令人寒心的數字，真不知他們的下一步路要如何樂觀走下去。

急救一條生命，健保給付不到三千元，但是醫師急救若失敗了，可能要冒著被病人家屬控告的風險。以氣管插管來說，成功完成手術才給付四百六十四點；手術失敗可能要判賠四千兩百五十萬給病患。

廉價健保、醫院暴力、天價賠償、醫療糾紛……層出不窮的問題，這是對醫師友善的工作環境嗎？當工作超時、過勞的醫師，還要被其他人質疑自己做得不夠多、不夠好時，還會有醫生想再犧牲自己的時間、精力，繼續投入或從事重症醫療的工作嗎？

陳畊仲醫師告訴我：「有人罵台灣是『鬼島』，是因為叫囂的都是鬼，但天使都低頭不說話。妳知道嗎？一句簡單的謝謝，可以拯救一條即將死去的醫心！要救回理想的醫療環境，只有從你我不再保持沉默開始。」

希望透過八分鐘的演講，讓我們不再保持沉默，不再忽略自己的改變，能讓台灣醫療變得更美好。只要我們一起做發聲的天使，就能解救台灣的未來，我們不能邁入一個「沒有醫生救命」的年代，改變就是從這一點微小美好的動心起念開始的。

## 帶給他人歡笑的騎士

陳畊仲靦腆地說：「我十分敬佩曾彥豪（Dio，歐耶老師），台大的醫療管理研究所念到一半，就毅然決然地跑去學戲劇，甚至當課程的老師，找尋自己方向。更厲害的是，在搞笑的表面之下，更隱藏讓人淚流滿面的感人故事。每次聆聽他的演講，不只獲得有笑、有用的滿足感，更讓心靈深處獲得啟發，這種表現，就是自己最想達到的形象，用歡笑感動人心的搞笑藝人。如果自己不當醫師，最想做的行業是搞笑藝人。」

一如又吉直樹在《火花》想呈現的，搞笑藝人表面看起來是諧星，卻讓生活在無力感與疏離感嚴重的人們，在歡笑中找到振奮自己的力量，在淚水中尋回撼動內心的感動。世俗的觀念、父母的期待，雖然很難讓陳昕仲馬上勇敢地跳脫世俗的框架，立即追尋搞笑藝人夢想。但是，陳昕仲願意站到人群前面，在看似黑暗的醫療世界，不斷宣講自己的觀察與省思，願意為醫療環境提一盞瓦燈的初心，難道不動人嗎？面對這條漫漫醫療路，雖然也經歷荒蕪與孤獨的心境，但是堅持為夢想出走的決心，還是讓他克服了內心的膽怯，顛覆了舊有的傳統，讓台灣的醫療路因更多人的投入而露出曙光。

陳昕仲有感而發地說：「或許是OPEN MIC的訓練，還有百年樹百人專業講師培訓班的課程，讓自己體會到生活俯拾皆是正向的能量，只要樂於學習，持之以恆地保持生命的熱情，其實好企業就是好學校，好主管就是好老師。我們都可以用更溫婉的方式，來帶動他人學習或感知生活。」

跨出井底之蛙的世界，放掉一些習以為常的成見，透過他人的身教自我覺察，陳昕仲得到的生命密碼與暗示，就是用同理心待人接物，才是建立友誼，達到好溝通的第一步。一如海明威說的：「比自己的同儕優越並不是什麼高尚的事情；真正的高尚是比過去的自己優越。」從此，陳畊仲走向喜歡分享、樂於溝通的生活情韻，勇敢站出來，接受挑戰，用自己的力量，熱情地改變自己與社會。

## 白袍文青路

素人開講活動結束後，陳畊仲平靜的生活突然嘗到成名網紅的滋味。他坦白地說：「一開始會有點迷失方向，甚至，還會自以為是醫界代言人。接踵而至的演講邀約，站在台上被群眾擁抱的掌聲與虛榮感，讓自己有一小段的時間陷入華而不實的生活，當外在與內在失衡時，人就開始變得不快樂了。幸好，內心的聲音指引自己省思，覺察到自己演講的初衷，慢慢地調整自己，讓每一場演講都能發揮為信念而戰，為醫療而說，我的初心不能遺失在成名的光環裡。」陳畊仲讓自己繞回演講前的原點，開始減量外界的邀約與演講，把部分的時間花在照顧家人與醫院的學生身上。唯有重新歸零，生命的流光才不會迷失在沒有必要的虛妄之中，陳畊仲的確是自我覺察的智者，在自省中，找回當初站出來說話的真正價值。

平時除了繁忙的醫師工作外，私底下的他也是位喜歡書寫的文青。最重要的，從OPEN MIC演講之後，他希望能透過醫療新聞的個人評論，傳遞正確的醫療資訊給讀者。坊間其實有些以訛傳訛的訊息，也因為這些醫療新知大家普遍陌生，某些媒體報導或評論與真實的現場實境，其實會有些偏離與落差，讓陳畊仲試圖以專業理性的筆觸，讓民眾能接觸到正確醫療觀念與知識。不過，陳畊仲笑笑地說：「我寫文章的速度一向不快，加上參考資料必須正確無誤，因此，我也在自己的生活作息做些調整，讓工作、家庭、夢想都能是平衡的狀態。」他願以今日之我，勝過昨日之我；以明日之我，勝過今日之我，在不斷超越自己之後，走出自己獨特的醫師之路。

陳畊仲的部落格創作主要是針對醫療新聞的評論，或是醫療知識的教學分享，還有親子關係的感悟、參加演講的心得，從幾個方向與讀者分享在演講台下最真實的自己，也透過文字記錄生活。

## 演講後，餘音繞梁的美好

陳畊仲醫師在OPEN MIC演講之後，簡明新穎的說法、發人省思的內容，引發網路高度的瀏覽量與分享度。短短的時間，影響許多與他信念相同的夥伴，他們紛紛在自己的臉書或部落格中發表與醫療相關議題的文章，或是建立相關討論平台，造成一股新興的醫改力量，陳畊仲靦腆地說：「比起過去自己孤軍奮戰的身影，一群人動起來的力道，正席捲整個醫療環境。」

陳畊仲的演講猶如一株蒲公英，帶著醫療希望的白球，隨輕風飄飛到台灣各地，它傳達著我們需要了解的醫病觀念：真正的醫病關係是醫者保護人們健康，每次的相逢帶是無私愛人使命的緣分，病者也感之、謝之，願意真心流轉這份世間動人的醫病之愛。

陳畊仲把自己定位成願意拋磚引玉、首先站到TED發言的第一人，藉由此舉讓更多優秀的醫師，開始接棒發聲、發文，形成一股正向的力量。當越來越多人願意為台灣醫療盡心盡力時，就能從目前醫療的困境找出解決之道，每一個改變都連綴出醫療人生最美麗的風景。一場震撼人心的演講，猶如餘音繞梁，三日不絕的聆聽經驗，讓我們體會到台灣的醫療環境需要一個善意、一個舉動、一個信念，就能讓快崩壞的醫療體制，有了力免狂瀾的契機。

陳畊仲心有所感地說：「站在人生的岔路口，我們該怎樣選擇？選擇聽起來很簡單，但是哲學意味濃厚，縈繞在生命的憂傷、無奈、宿命，看起來，揮之不去，唯有自己能帶著自己出走或回歸。我們從不知道，過去的決定影響了現在，現在的決定是否也影響了未來，在充滿未知的人生，我們都想為自己的夢想一戰，作出勇敢的決定。」

因此，他決定站到人群前面，說出自己身為醫師看到的真實醫療環境，坦白自己的心聲，為夢想出走、發聲，絕不退縮，他正在做一件平常醫師很少碰觸的事情。

期待未來陳畊仲醫師繼續分享無數笑中帶淚的演講，讓聽眾享受餘音繞梁的甜美感受，也讓下一段堅持夢想、關懷醫病的口外騎士的故事，持續溫燙徬徨的靈魂，讓我們找到重新出發的力量。

## 如何說個好故事TIPS

1. 一開始,不要急著做投影片,先在腦中架構出簡報的順序與大綱。
2. 演講架構可分成三個層次:第一個就是開場,再來主要內容,最後是結尾。
3. 個人口語表達的流暢與詼諧為主,簡報為輔,運用數據和主題相關的小故事或笑話,增加演講的趣味感與幽默感。
4. 結語最好感性又精簡有力,讓聽眾產生意猶未盡、還想要聽下去的感覺。
5. 讓觀眾融入演講的情境,讓他們產生同理心,願意被你說服,認同你的說法。

Jason 的話

### 陳旪仲:現場示範法

當健保債台高築的消息頻傳,大家才開始討論健保的優劣與存續。台灣的健保制度可為舉世獨特的國家醫療體系,它讓許多人在醫療照護上共享所需資源,但長期收支不平衡與既有使用體制,讓健保在現在的狀態下已經難以持續運作。陳畊仲醫師的演講主要是訴諸對於醫療人員的重視，用崩壞來描述台灣的醫療現場。他直接在舞台上示範心臟按摩和氣管插管，讓人實際體會健保給付和搶救人命之間的巨大落差。從醫院暴力、醫療糾紛到醫護過勞，陳畊仲醫師的現身說法，讓人更加注意自己的健康和維護醫護人員權益的重要性。唯有每個人都願意體諒醫護的辛苦，建立友善的醫病關係，醫療團隊才更有力氣追求更好的醫療環境。

# 愛在南迴——點亮醫療燈火的超人醫師

# 徐超斌（達伊歌・魯芬泠）

TEDxTaipei 演講

**「超人醫師」：**

**tedxtaipei.com/talks/2013-chao-pin-hsu**

照片提供：徐超斌

**經歷**:一九六七年五月十三日,出生台東縣達仁鄉,排灣族。畢業於台北醫學院(現為台北醫學大學)醫學系。二〇〇〇年十二月,升任奇美醫院急診主治醫師,是全院第一位內外科兼修的急診專科醫師。二〇〇二年六月,回到家鄉擔任衛生所醫師兼主任,改建簡陋的衛生所。

**專業獲獎**:

曾任台東縣達仁鄉衛生所主任,部落巡診醫師

獲得二〇一二年周大觀文教基金會全球熱愛生命獎章

徐超斌，別稱超人醫生，畢業於台北醫學大學醫學系。他來自在地圖上必須費心尋找的台東縣達仁鄉，被鄉人譽為「台灣史懷哲」的排灣族醫生。他沒忘記過當醫生的初衷，放棄過大醫院的高薪，返鄉致力於部落醫療、籌設南迴醫院。徐超斌捨不得鄉人因病受苦，以改善偏鄉原住民醫療環境為己任。他預計在二〇一七年十月如期送出申請立案與設立醫院的文件，順利的話，依照蓋建醫院的規定時程，二〇一八年就能動土興建。在醫療崩壞的今日，實現在南迴公路上，成立一間實現醫療真諦的醫院，也在長長一百多公里的醫療荒漠裡，找到一間能救人一命的醫院，實現台灣偏鄉醫療的奇蹟。

時光，重疊在蜿蜒的公路，關於徐超斌返鄉後與醫病的溫馨故事，隨著其生活的潮汐拍擊在醫療人生的沙岸，蓋建南迴醫院的故事像在汪洋冒出美麗的浪花，傲人的姿態令人驚豔，也讓我們對台灣偏鄉的醫療，有了淺淺的喜悅與深深的期待。我們衷心希望在二〇一九年三月徐超斌愛在南迴的醫院，能如期在美麗的公路上開業，讓過往「政府不支持」、「民間不看好」的醫院募資計畫，走向美夢成真、熠熠閃爍的路途。

## 返鄉服務，走向醫者之路

徐超斌從小就立志把從醫當成自己的志業與使命，他揚鞭馳騁，誓死做一位無悔的醫療輕騎，直至老之將至，也無怨無悔地實踐著。

徐超斌回憶自己會成為醫師的初心時，曾說：「那天，被稱為部落神醫的外婆處於彌留狀態，她緊握著我的手，我感受到溫暖、充滿力量的手溫，不自覺地祈求她：是否能傳遞神奇的醫術給我，未來也讓我能成為一位救人的名醫。外婆溫暖地說：孩子，醫療的真諦在感同身受……如此簡單的話語，讓自己在選擇未來工作時，在耳際迴盪外婆輕柔的召喚聲，感同身受就是醫者的使命，也是自己想成為好醫師的重要支持。」

另一個讓徐超斌成為醫師的重要原因是，三歲多的妹妹因發燒感染痲疹併發肺炎，父親騎著摩托車趕赴台東市的醫院，就醫的路途十分遙遠，妹妹的生命竟回天乏術。備受打擊的父親開始酗酒，常常醉酒回家，猛然地把徐超斌、他的姊姊、大妹喊醒，要他們到田裡墓園去陪妹妹過夜，父親常吼著說：「不忍妹妹一個人葬在荒郊野外，處境淒涼又可憐。」徐超斌當年才七歲，他暗自發誓：長大後一定要當醫生，讓這種生命「無力回天」的痛苦與難過，不在他的人生繼續發生。

族人的期待，總希望達仁鄉能出現一位自家的醫生。這樣的期許也讓當年考上交通大學的徐超斌，放棄就讀而走向重考的人生。之後，不負眾望的他，考取北醫成為公費生，期間不只戰戰兢兢地學習，也在教授的鼓勵下，立志返鄉服務，不辜負大家對他的期待。

回到部落前，徐超斌知道：自己必須要先壯大自己的能力。偏鄉的醫者，必須要有「一手包」的能耐，無論內、外科都得擅長，還要學會使用X光、超音波等技術。因為，返鄉服務的診療場所，很有可能是「一人服務」的狀態。

徐超斌選擇到奇美醫院的急診室直接面對病人。他面對的挑戰是，在極短的時間，必須立刻下診斷，雖然工作壓力大，但是可以讓自己的醫療專業快速地成長。

很快地，他成為台南奇美醫院第一個急診專科的住院醫生。每個醫師都知道：內科靠推理的能力，外科靠精巧的手技，急診靠的是嗅覺，在處理急重症病人，要學習用鼻子聞出來許多潛在的因素。從觀察病人的臉色、呼吸，馬上診斷出病人的身體可能哪裡出現了問題。每次，他都透過事後縝密的檢查，來證實自己對病人的判斷是否正確。徐超斌開始對自己幾近百分百準確的診療與判斷，建立屬於自己專業醫療和技術的自信心。

二〇〇二年，徐超斌毅然決然地選擇從奇美醫院返鄉到達仁鄉衛生所服務，也成為部落唯一的醫生。為了讓族人不用「挑時間」生病，他陸續開辦夜間門診、假日門診，成立大武急救站假日二十四小時急診，自行開車到偏遠部落展開巡迴醫療活動，藉此機會與患者拉近醫病的距離，讓雙方的關係因親近而信任，也讓看病成為一件「不那麼緊張」的事情。

每週需要徐超斌開車的車程，剛好繞行台灣一大圈，也因他認真地投注與盡力地付出，深刻了解到南迴路上到太麻里鄉、金峰鄉、大武鄉及達仁鄉等四鄉醫療資源十分匱乏。因此，從返鄉服務的路到南迴醫院籌建的夢，就在他的內心逐漸成形，即便當年的他明白：建蓋南迴醫院成功的機會微乎其微，為了族人、為了自己的夢想，他都願意從零開始去嘗試與努力。

## 超時工作，超人倒下

回到達仁鄉服務，自認健康又技術高超的徐超斌，每天都在病人需要他的地方出現，極少考慮自己需要休息的他，開始超時工作，甚至在一個月內，工作時間超過四百個小時，過度揮霍自己的體力，讓徐超斌在二〇〇六年九月十八日的半夜，在急救站值完班後，感覺到自己的左腳開始沒有力氣，左手指只能稍微動著，突然意識到可能是腦中風時，他倒下來了。

徐超斌被送診的過程，意識一直保持著清醒，還能告訴醫生，自己需要盡快做電腦斷層。沒想到，當天晚上頭痛欲裂，徐超斌知道自己的情況不樂觀，血壓開始飆高，腦部大量出血，陷入了昏迷，幸好，及時緊急腦部開刀，才撿回一條命。

中風後，徐超斌無法接受自己的樣子：一向精力過人、活蹦亂跳的超人，竟然因腦中風而倒下來了，中風的超人還能做什麼？

徐超斌開始自怨自艾：超時的工作，是為了族人的健康，為什麼他不是大家口中真的「超人」？如果，上帝夠仁慈，應該把我帶走了，就不用讓自己落得如此狼狽又不知所措的局面。曾經意氣風發的超人醫師，呼風喚雨的豪情，卻因為中風，一下子人生跌到谷底，上天為何要如此殘忍地壓垮他的醫療大夢？許多負面的念頭，都曾在自己腦海中盤旋。

直到徐超斌意識到：家鄉的族人、部落的親人，都還在等著他健康地回來。徐超斌感動地說：「他們曾把我返鄉的醫療夢，當成偏鄉醫療的曙光，他們相信我、支持我，讓我找回自己的天命。任何一位疲憊的旅人，無論先前經歷過多麼崎嶇的道路，只要得到生命活水的滋潤，都能擁有重新上路的勇氣。」

徐超斌的人生快樂過，替部落帶來醫者行旅的鏗然之聲；他的人生悲傷過，超人還是抵不過命運的打擊，被迫要倒下來休息。如果，徐超斌的心承載過生命的喜悲，包容過部落醫療的歡笑和淚水，那麼，復健的半年，也讓他找到一處可安歇的水邊，能聽見生命的水聲輕柔地吟唱，享受前所未有的寧靜，靜下心思考自己的下一步。所以，復健半年後，徐超斌繼續回到衛生所工作。他跨出的這一步，表面上看起來很簡單，對他而言，卻是舉步維艱。

曾經的戰友（護理人員）、病人會怎麼看徐超斌？

病人會不會懷疑他：一個中風過的殘障人士，要如何承擔醫者的擔子，繼續替人看病？

但是，他們用堅定的眼神與實際行動告訴徐超斌：他還是他們相信的超人醫生。徐醫師可以繼續對他們關心；徐醫生可以繼續用醫術照顧他們。他們給予的溫暖，讓徐超斌忘記自己失去左手、左腳的痛苦，他認真思索：自己還有右手、右腳的醫者使命，他必須要繼續替偏鄉醫療而努力。

徐超斌感性地說：「成為病人之後，我真正體會到：醫病間永遠存在不對等的階級關係。醫師開處方、做治療是他例行的工作。但是，對病人來說，任何一個處方和診斷，就是改變自己人生的關鍵。我開始認真感受面對病人要用什麼態度與語氣去和他說話，不管工作有多忙碌與辛苦，我都讓病人知道：這段時間醫生會陪著你，一起找到最好的治療方式，會跟你站在一起對抗病魔。擁有醫生的陪伴，一起面對苦難的情義相挺，才是重回人性化醫療的初衷。」

徐超斌提醒我們：醫病之間還存在人和人之間的愛和關懷，不只是藥到病除如此簡單的診療而已。

## 你不可能會比我帥，但偏鄉的醫療需要你！

徐超斌醫師中風後，即使行動不便，卻為了要積極宣導自己開設南迴醫院的理想，還是展開「坐」在台上演講的旅程。

每一次，徐超斌演講時，總會用這句話當成開場語：「你不可能會比我帥，但偏鄉的醫療需要你！」這是因為他來自內心真誠的吶喊，希望被大家聽見。南迴偏鄉醫療吶喊的聲音，蓋建南迴醫院，雖然是從徐超斌開始，但他真正期待的是，大家動起來，大家一起來！讓他走在夢想的路上，不再孤單，不再踽踽難行，他需要更多的夥伴加入他的團隊。

二〇一三年，他受邀到TEDxTaipei分享自己的人生故事，坐著輪椅的他，維持一貫的風格，他不改樂觀、幽默的態度，在演講過程中，詼諧地分享許多笑中有淚、淚中有笑的故事，讓現場的觀眾，獲得許多感動生命的啟發：他讓所有人知道，即便自己中風了，坐在輪椅上了，他還是不能放棄自己許下的承諾。建南迴醫院，徐超斌自己來！這樣的信念與行動力，讓我們發現徐超斌從二〇一二年八月開始，就用著不同的方式，讓大家理解南迴公路雖是醫療的荒漠，但是偏鄉需要醫院，那是實現尊重生命的人道關懷。

他「坐」在TEDxTaipei舞台告訴大家：自己是全台灣最帥的醫生，也是因為這份自信，讓他歷經生命千迴百轉的淬礪，仍然沒有倒下來，堅強的信念，強而有力的演講魅力，讓在場的所有人為之動容。

徐超斌告訴我們：自己出院後，花了三個月，才有機會拿著枴杖重新學走路，努力做復健，但是內心為家鄉建地區醫院的心願，並未被中風擊倒。自己拖著殘缺不全的身體，勇敢地一步一步向前走，積極推動設立急救補助醫院「南迴醫院」，不管多少人擋在前面，平凡部落醫生還是要替偏鄉的弱勢發聲。徐超斌說：「我不是成就個人形象，而是看見自己的使命，捨我其誰的責任感，讓自己一肩扛起這不可能的任務，看似夸父追日，卻是雄心萬丈。」

徐超斌悠然地說，當他還是懵懂無知的孩提時，外公曾言之諄諄地告誡過他，自己不期待孫子未來能功成名就、飛黃騰達，反而希望他記住三件事：第一，做一個謙卑的人，稍有成就時不要得意忘形。第二，做一個勇敢的人，遇到再大的挫折，也要抬頭挺胸、充滿自信。最後，也是最重要的，永遠要記得做一個善良的人，當別人身受苦難時，別忘了伸出援手。」

徐超斌願意做個謙卑的人、勇敢的人、善良的人，讓懂他的人懂他，讓不懂他的人也願意尊敬他，正因為這樣的陶冶，徐超斌全力以赴，也大聲疾呼，讓自己念茲在茲的南迴醫院，不再是海角天涯的幻夢。在夢想完成前，徐超斌甘心就這樣背著這個責任，一直往前走。

徐超斌溫暖地說：「午夜夢迴，人與人之間，能訴說的不只是吉光片羽的人情世故，是放在心底而很難言說的，最深的感謝。」對於曾經為蓋南迴醫院盡一份心力的夥伴，一如給他機會的TEDxTaipei，他都心存感恩。

## 美麗的公路需要救人的醫院

徐超斌認真地說：「你相信嗎？從屏東枋寮到台東，這條長達一百一十八公里的南迴公路上，竟然沒有一家醫院。這裡有單車族最愛打卡的壽峠，也有觀光客最愛看日出的太麻里，每年來往的觀光客超過兩百萬人次，更令人驚訝的是，這條路交通意外頻傳，居民和遊客可能都有需要醫療服務的機會。送醫診療的路途迢迢，很多可貴的生命，就曾消失在前往醫院的公路上。」

接著，徐超斌難過地說：「沿線的太麻里、金峰鄉、大武鄉、達仁鄉約三萬多居民，大部分是老人與小孩居住其中，沒有一家像樣的醫院可以就醫、就診，只有衛生所（室）和遠距巡迴醫療在支撐基層的醫療。達仁鄉是全台灣最偏僻的地方，當你看到台北市每二十六個人就有一位醫師時，這個醫療資源嚴重短缺的地方，四千四百個人才有一位徐超斌醫師。這裡來不及送醫院而死亡的例子不勝枚舉，居民習慣忍著身體不適，因為看病就診的路途是如此遙遠，救急不及就過世的憾事，一再在這條公路重演。」

徐超斌認真地告訴我們：「偏鄉醫療資源本來就少，缺乏專業醫療人員也不是一天、兩天的事，推動南迴醫院的夢想又太大太遙遠，從南迴協會成立資金公開勸募活動開始，未來，仍是有一連串跑立案流程的事情要努力。關關難過，關關過，我不看太遠的事，就是一關拚過了，再往下一關闖。」

徐超斌的腳步從來沒有停過，就是一路拚命朝南迴醫院的夢想前進。

當他樂觀地說：「台灣，這塊祖靈數千年前親吻過的土地，更是孕育我們的母親，或許在很多地方都有需要改進的缺失，但它仍有許多令人驕傲之處，我不明白為什麼有人稱之為鬼島？現實環境中，它確實存在讓人不滿的現象，然而放眼全世界這裡絕不是最糟最亂的所在，當你高聲批評他人的同時，可曾回頭想想自己又為這塊土地做了什麼？我相信：如果你願意用心去觀察，全台灣各個角落處處都有許多使人感動的能量。」

聽到這樣的溫暖話語，大家都被那股傻勁與熱誠震撼到了，許多沉默的大眾，開始加入基金會，有錢出錢，有力出力，和他們一起並肩作戰，鼓勵徐超斌團隊的加油聲音不計其數，大家都願意共同來完成全台灣醫療照護的最後一環，實現醫療服務的公平與正義。

徐超斌常想：南迴地區兩萬多個居民，每年繳了兩億元的健保費，卻只使用到五千萬的醫療資源，這樣的比例真的很不公平！因此，他仔細精算過，蓋好這家地區醫院之後，一個月還需要一千萬元的營運費用，開這家醫院肯定賠錢，但是，只要每個月有一萬人固定捐款一千元，營運費用也就打平了，透過全民募款在台灣東南最偏僻的角落蓋第一所「穩賠錢」的南迴醫院，實現服務鄉親的醫療大夢，這些事情，需要大家一起來幫助他。

## 從醫院到教室，醫人也醫心

自從徐超斌把達仁鄉衛生所蓋起來後，他的努力讓所有人看到這個部落醫療的奇蹟。徐超斌的衛生所不只是一個醫病的地方，它還是個部落的人可以棲息的家，不管是老人想聚會聊天，還是大家想聯絡感情，都會自動找到這個駐點。看診好像是老朋友定期地會面，徐超斌實現了「視病猶親」的精神，病人也展現「視醫猶親」的善意；在候診時，這些病友還會互相玩笑地問候彼此：「你怎麼還活著？」衛生所已經不再是冰冷的診療室而已。

部落的問題，不單純存在醫療而已，還有複雜的隔代教養與教育問題；獨居老人的長期照護問題，不單單是做好醫療防護就可以了。因此，他成立「南迴健康促進關懷服務協會」，積極找尋居家服務員，讓他們去照顧部落獨居老人養護的工作，也強化已經設置許久的老人日照中心。

接著，徐超斌試著抛磚引玉，把自己老家的房子改建成「方舟教室」，讓每週一到週五，都有年輕的課輔老師來替部落的孩子們做課後輔導的工作。最暖心的是他還提供孩子們熱騰騰的晚餐，四間教室幫助八十多位孩子，找到學習的動力和家的感覺，徐超斌從醫人的醫師到醫心的老師，這些感人的事蹟，更是族人銘感於心的暖流。

徐超斌用心地說：「我想讓更多有理想的醫生看到南迴醫院的需要，讓他們願意到這裡實現史懷哲的夢想。台灣的偏鄉未來如果也能複製這樣成功的模式，讓年輕醫生有更多選擇，不用躋身在大都會的醫院，不用背著業績壓力，可以扭轉目前醫療崩壞的現狀，大家甚至不用去醫美去做救醜的工作，而投入偏鄉去當醫者擔任救命的使命，我們都會成為大眾尊敬的醫者。」

## 點亮回家醫療的道路

當讀者閱讀到他在臉書上寫著：「坦白說，為了南迴醫院這個遙不可及的夢想如此拚命，犧牲了自己的時間、精神和體力，不是我想，也不是我要。而是我看見需要！」

徐超斌勇敢地作了一個別人都不敢追的夢，走了一段別人都走不完的路；他真心祈求一次蓋南迴醫院的心願，他走在宿命的道路上，卻心甘情願地在山窮水盡堅持，等待南迴醫院彷彿若有光的未來。

徐超斌的心願很大，大到讓南迴醫院的夢就在他的世界翱翔；徐超斌的意志很堅韌，突破現實的禁錮，找到那片為醫療而戰的湛藍與自由。

有人花了一生追尋不到的答案，徐超斌正走在人生答案的路上，在走向南迴醫院的道路，你將與他深情相遇，與他並肩作戰，與他找到夢想與希望的花朵，正綻放在偏鄉醫療的土壤上，燦爛美麗。

徐超斌這樣說著：「我親愛的朋友呀！衷心謝謝您聽見了我的呼喚，使我走在夢想的道路上不再孤單，真正成為一個善良的人，千言萬語都難以表達我內心的感激。讓我們一起看到南迴醫院被需要的聲音，一同挺身而出，在醫療財團法人南迴基金會南迴醫院就剩最後一哩路的此刻，一起召喚台灣的史懷哲們，海內外皆歡迎，為偏鄉醫療而努力，讓和諧的醫病關係為承諾，呼喚沉寂在彼此內心深處，那一顆醫者的初心！」

徐超斌讓醫療的陽光，大器地灑下一大把的絢麗。有時候，我們抱怨世界的人情冷漠，現代文明帶來的疏離，徐超斌的堅持，不也讓我們在一灘濁流之中，望見一潭清泉？當我們與美好的事物擦身而過時，請昂首問候天空，告訴世界：我們正為夢想而努力，為美善而奔走。

一個自稱自己是全台灣最帥的醫生，說著一個回家當醫生的夢想，還有自己挺身而出，擔下蓋南迴醫院艱鉅的責任時，這位醫病也醫心的台灣史懷哲，讓這條回家醫療的路看似漫長，卻也是越來越靠近我們的旅程！

## 如何說個好故事TIPS

1. 蒐集個人故事、素材與要演講的內容相呼應、相搭配。
2. 演講不要談理論，要用故事打動人心，尤其故事穿插催淚的哏，賺人熱淚；發噱的點，引起哄堂大笑。
3. 喚起集體熱情的說話技巧，內容要正面積極，負面教材不要過多。
4. 面帶微笑，讓觀眾感到親切，激勵人心想要跟進你、追隨你、加入你。
5. 演講也要留點時間讓觀眾思考，也就是留白的藝術。（思考時間以五秒到十秒為最佳）

Jason 的話

## 徐超斌：有生命力的演說

當你願意在舞台上忘掉自己的缺陷，真誠地表達自己，真心地流露內心的想法時，你的自信會無比的強大。徐超斌醫師的故事本來就很精采，投入台東偏鄉缺乏醫療資源之處，在這個南迴公路的交接處，最鄰近的中型醫療醫院都要開車一個半小時，這樣的故事原本就能打動人心，徐醫師厲害之處在於，他用他的樂觀、幽默、阿Q的精神，讓這場原本有點沉重的演講，變得生動有趣。他不斷問觀眾：「我是不是很帥？我是不是最帥的醫師？」由於他曾經中風過，所以行動不方便，在舞台上也只能用單一姿勢坐著，當他這樣說自己帥的時候，所有人都被他的自信、樂觀精神給打動了！如果像他這樣的條件都還這樣打拚努力，那其他人還有話說嗎？觀眾掉下來的眼淚不是憐憫，而是想加入徐超斌醫師行動的一股衝動。

# 追夢女伶的華麗冒險

# 潘奕如

「追夢女伶的赤裸告白」：
www.youtube.com/watch?v=Day-bAaVc9Y

照片提供：潘奕如（左），慈濟科技大學全人教育中心拍攝。

**學歷**：國立台北藝術大學，主修表演

**現職**：演員、主持人、講者、活動編導、表演指導

**舞台演出**：屏風表演班《三人行不行》、《瘋狂年代》、果陀劇場《愛神怕不怕》、眼球愛地球劇團《無言的結局》、《愛情青紅燈》、非常林奕華劇團《賈寶玉》、《三國》巡迴中港台百餘場。伶人戲語創辦人，編導演《追夢女伶的赤裸告白》。

**影視演出**：電影《真相禁區》、《小玩意》。電視劇《舞動奇蹟》、《愛情來了》、《極速傳說》、《愛戀2000米》、《黃金線》、《真情伴星月》、《歸娘家》、《700歲旅程》、《關老爺》、《檸檬初上》、《清風無痕》、《三分熟》、《紡緬蟲的記憶》等十九齣。

潘奕如被稱譽為十項全能的表演者，不只在舞台劇表現火紅，也橫跨電視演出、廣告拍攝、主持工作、演講分享等。

熱愛表演、才華洋溢的潘奕如，回首自己過往的人生也像一齣動人心弦的戲劇。高中就讀雄女的她，在面對選擇大學科系時，忠於自己選擇的路，無悔地走向戲劇的世界。不過，大四準備往戲劇圈就業的她，卻因為自己最在意的老師對她說出「不適合走戲劇表演」的話，改變自己最初也是最美麗的夢想，轉入舞蹈圈開創自己的展演生涯。

潘奕如原以為從此與戲劇絕緣了，又因為一次火場「死裡逃生」的經驗，讓她從失序的生活，重新爬梳出自己的人生目標，最後再尋到回歸戲劇的初衷。

生命的一次災難，讓潘奕如塞滿工作的生活，有了與自己留白對話的空間，更讓潘奕如有機會靜下來與自己好好地聊聊，傾聽到內在的鼓音，讓她有機會可以重新書寫自己與戲劇的扉頁，找到自己愛上戲劇、為自己而活的嶄新人生。

潘奕如認為：人生絕對沒有白走的路，即便是走遠了，對人生仍有重要的意義。因為，你學會再繞回原點，重新開始自己的另一段旅程。當你學會捨得、放下時，才會驀然發現：捨得了，心靈卻飽飫；放下了，生活卻自在了。內心的安靜與平和，讓身心靈被安頓在平衡的位置上，人生的各個面向也在無形中提升了，漸漸地形成一個正向的循環。

這是一段追夢女伶的華麗冒險流瀉而出的汩汩活水，潤澤我們枯涸的心田，找到重新啟程的力量。

## 講前換將，臨危受命

潘奕如與OPEN MIC的緣分是生命一次美麗的臨危受命。當機會向她招手時，即便是來得突然，事事周到的潘奕如也會全力以赴，只是，現實常常比想像的更充滿考驗。

潘奕如娓娓道來：「開講前幾日，朋友臨時的請託，或許是在資訊溝通上的失誤，讓我錯把OPEN MIC的海選當成提案分享的形式準備。直到現場，看到大家有備而來的簡報內容，勢在必得的神情，再回頭檢視即將上場的演講時，才驀然發現：OPEN MIC的講者所分享的故事，都有一種非說不可、感動人心的魔力，那是一種讓生命經驗透過身歷其境的表達，讓所有人凝聚在某個共識中。」

OPEN MIC海選營造的氣氛，讓她當場頓悟一個道理：當一個講者站上OPEN MIC的舞台，若沒有講這個故事就會感到渾身不自在時，這個故事才有機會進入決選。那是，一顆心撼動一顆心的價值，那份真實又直接的信念傳遞，就是OPEN MIC現場帶所有人價值翻轉的震撼。

潘奕如豁達地說：「我像極了替朋友完成使命的代打選手，分享的起始心態不同，就注定無法進入下兩波的決選，不過，失敗常常是下一次超越自己最好的動力。」

雖然，潘奕如無法順利進入下一波決選，卻讓她擁有「失之東隅，收之桑榆」的喜悅，這一梯OPEN MIC的講者，開了一個好友分享群組，彼此定期聚會，分享近況，相互鼓勵打氣。

奕如開心地說：「我們來自不同行業，擁有不同專長，卻有一個共同點：有想法、很熱血、會堅持。所以，每一次聚會時，相互交流碰撞出來的火花都是非常美妙的激盪。每一次聚會分享的資訊流通性高，創意和想法多元的對話，都讓我有滿載而歸的感覺。」

曾經落選的失落，卻是潘奕如生命另一個轉彎，因為擁有OPEN MIC的參選機會，才能幸運地結交到這群信念強大的好朋友，其實挫折常常是上天祝福我們新生的開始。

## 一波多折的戲劇之路

當演員一直是潘奕如從小到大的夢想。她回憶地說：「小時候看戲，特別容易專注，常常被某個畫面、某個橋段感動得淚流滿面或是從中獲得生活的啟發。戲劇對我來說，是一個可以帶給我快樂、感動、啟發的魔法。尤其，被困在某個走不出的死胡同時，看完一場戲後，很多煩惱也一掃而空；很多盲點也迎刃而解，看待世界的角度可以更多元；做法也更有彈性。」

戲劇是如此令潘奕如著迷又依戀的事。她第一次看屏風表演班的《西出陽關》時，真正體會到國修老師說的，演戲修行，看戲修心。戲劇全觀的角度，開放你的心胸，從中反思很多事情，人生也變得比較無所界定。

從那一刻開始，潘奕如告訴自己：未來，她想當一個真正帶給世界快樂的表演者。因為喜歡戲劇、熱愛戲劇的初心，讓她看到自己的表演天賦，她不只喜歡跳舞，也善於表演，也享受透過表演帶給觀眾生活的啟發、感動、快樂，那更是自己想成為演員的初衷。

後來，為什麼這份曾經讓潘奕如狂熱又摯愛的工作卻讓她心生怯步，因害怕而漸行漸遠了呢？

原本，對表演充滿熱情與自信的潘奕如，如願以償地考上北藝大後，遇見的同學個個都是戲劇表演的怪咖。她開始在意老師、同學對她表演方式的眼光，當別人對她的表演有批評的聲浪時，就懷疑自己的演出平凡無奇，毫無特色，進而消磨許多戲劇表演的熱情與創意。

潘奕如平靜地說：「年輕太在意別人的眼光，接收不到讚美與掌聲時，就開始把別人的說法逆向轉成自己表演天賦的封印。因此，好好演戲變得越來越困難、越來越痛苦。現在回頭看，其實是我把初衷放錯地方了。他人的眼光、掌聲與鼓勵短暫如煙火的成就感，逼得讓自己陷在痛苦的泥淖，困在別人看法的牢籠，忘記演戲對我來說，只是純然地享受表演者帶給台下觀眾簡單的快樂與啟發，如此而已。」

在大四時，潘奕如曾和自己最喜歡的老師討論過未來的方向。老師一句簡單的話語竟擊潰了她往戲劇發展的信心：「奕如，妳不適合走演戲這條路。」

聽到這句話的潘奕如，眼前一片黑，建構好的表演世界突然轟了一聲，全部都崩解了。

潘奕如淡淡地說：「當時，老師那句話對我而言像是全然地否定我的戲劇天分，使我失去對表演的自信，內心不斷湧起一股懷疑的聲音：我夠特別嗎？我的特點是什麼？我能贏過這些人嗎？如果，我不適合走戲劇的路，還要硬闖嗎？這樣的選擇明智嗎？如果，表演不是自己的強項或天賦，我何必花那麼多力氣在那裡？」

好強又追求完美的潘奕如開始懷疑自己，在他人的眼光與評價中，第一次和最愛的戲劇說「再見」。一波三折的戲劇之路，是潘奕如追尋戲劇夢想的重要驛站，沒有出走，就沒有回歸真正戲劇人生的可能。

後來，潘奕如又是用何種方法，讓自己躍出恐懼的幽谷，重返戲劇的懷抱呢？

## 洄游，重返戲劇之途

出走，嘗試跨出既定的生活；歸來，找到洄游表演的勇氣，一如鮭魚在離鄉多年後，逆流而上，返回自己出生的故鄉，完成奧妙的生命旅程。

當我們明白自己要的是什麼人生價值時，就有真正的勇氣走向它，並實踐它。潘奕如平靜地說：「大學四年的學習，除了戲劇表演，持續地學習舞蹈，在大大小小的舞蹈比賽中也得到不錯的名次。或許，我是個熱情導向的人，沒有熱情的事情，就很難持續下去。當時老師的一席話，或許是壓垮自己戲劇熱情的最後一根稻草，讓我決心轉向舞蹈，當個最好的舞者。」

從小型的case開始接案，潘奕如透過接案訓練自己的舞蹈表演實力。短短的時間，她已經是大型演唱會的指定舞者。

離開戲劇圈五年，很多大型的案子找上她，應接不暇的工作，讓她名利雙收。但是內心深處，還是有個未解的心結，就是從小就烙印在心版的戲劇夢想。

或許，潘奕如和戲劇的緣分終究是一輩子的牽牽繫繫。當年，她因為怕輸、怕被比較，漸漸忘記表演的初衷。當表演的熱情與注意力開始游移，恐懼成了潘奕如當年跨不過的一個生命藩籬，讓她消極地放棄戲劇這條路，也成了她心頭不能說的秘密。

潘奕如說：「那天，偶像劇《舞動奇蹟》的劇組打電話給我，提到有個要真的會跳舞的角色，希望我能跨刀演出。」

雖然潘奕如在跳舞工作的表現大放異彩，但是，這通電話喚醒她的戲劇初衷。這個邀約彷彿是戲劇魂的召喚，它讓潘奕如想起自己的人生和戲劇還有一個很重要的盟約！為什麼只要說起戲劇、表演，潘奕如的內心會為之顫動，戲劇難道不是燦亮自己的重要夢想嗎？

再次回到戲劇圈，潘奕如彷彿脫胎換骨似的，再次尋回對戲劇的熱情，再度找回到表演的初衷。她放下得失心，讓蒙塵的心靈自由，專注在角色的揣摩，重返享受表演的快樂，不斷在內心竄動的是因表演而帶來的幸福感。

潘奕如再一次感受到戲劇帶給她的生命力與震撼力，讓她決定要回歸戲劇的世界，當一輩子熱愛戲劇的表演者。

潘奕如笑笑地說：「如果，我要走一輩子戲劇的路，就要扎實地訓練自己的基本功，戲劇是靠實力的累積，人生閱歷的醞釀，這是細水長流、充滿挑戰的工作。不過，人生的境遇常常是繞一條遠路之後，才明白自己的選擇。」

潘奕如進入自己夢寐以求的屏風表演班，卸下得失心的框架，盡情表演的初衷，讓她感受到戲劇帶給生命一份樸實無華的力量。

潘奕如熱情地說：「如果有一個念頭，在腦海出現超過三次，那麼它就是一定要去完成的夢想。不管夢想是大是小，只要全力以赴、放下得失，你能看見的人生風景絕對會超過你所想像的。不過，前往夢想的路上，首先要放下別人的眼光與說法，就像瑪麗蓮夢露說的，就算有一百個專家說你不是這一塊料，都有可能是他們看走了眼。」

潘奕如相信自己，盡力為自己的夢想嘗試各種可能，重返表演工作，即便面對再大的挫折，也會大膽承諾、擔負責任，絕不輕言放棄。

這是潘奕如重返戲劇之路後，對於生命最大的體悟。

## 克服恐懼三部曲

有人說：「勇於改變是逆轉低潮的選擇；勇於挑戰是航向幸福的船桴。」

人生，原本就該是一場讓人熱血沸騰的冒險旅程。因為信念，讓我們找到前行的力量；因為夢想，讓我們喚醒內在的天賦。

但是，為何面對改變，我們仍會裹足不前？機會來臨了，為何還是懦弱地選擇放棄？是因為擔心自己還沒有準備好？還是因為害怕失敗帶來的失落？抑或是害怕被身邊的人嘲笑自不量力？

潘奕如認真地說：「回首過往生命的長河，我常被害怕與恐懼包圍，害怕讓自己差點放棄許多表演的夢想，恐懼讓我面對機會而膽小地不願意接受挑戰。認真探問自己的內在：我們都太在意別人的眼光，太在意失敗的感覺，而忘記關照心底真正的聲音為何？偶爾，如果回到從前，願意再多跨出去一步嗎？願意再勇敢地多嘗試一次嗎？」

一如哲學家伊比鳩魯認為的：最大的善是驅逐恐懼、追求快樂，以達到一種寧靜（ataraxia）且自由的狀態。但我們面對恐懼，常是如此軟弱又無能為力。若能在選擇自己人生方向時，心無旁騖地跟著感覺前行，即使失敗了，也不會後悔自己是因恐懼而徒留許多錯過的遺憾。

潘奕如認真地說：「害怕失敗的後果，害怕別人嘲笑的尷尬；害怕失敗的陰影，害怕別人評價的眼光。但是，我們從來不知道，即便你做得完美，也還是有人不滿意，你需要在意的，往往是你自己的感覺。只是，把自己的價值建立在他人的態度或眼光上，隨即而來的就是莫名的恐懼與擔憂。」

潘奕如經歷過這樣的心境，因此，她提供我們面對恐懼的三個步驟：面對恐懼的第一個做法是回歸初衷，回想當初做這件事的熱情與動機。第二個做法是放下別人看待我們的眼光，從小到大，我們一直在意別人怎麼看，但嚴格來說，那些所謂的別人，在我們成功的時候，他也不會替我們開心；在我們失敗的時候，他也不會替我們難過，通常看熱鬧或八卦的心態居多。因此，我們的人生為什麼要花那麼多時間去在意別人怎麼看待我們。煩惱別人怎麼看；擔心別人怎麼看，卻忘記了自己的初衷，不如真正放下它。第三個做法告訴自己：I have nothing to lose.很多時候我們害怕失敗的感覺，其實是怕失去現有的東西。其實，我們一出生來到這人世間，本來就是一無所有。勇敢去嘗試後，你會失去什麼嗎？仔細想想，其實並沒有嘛！甚至，從失敗中我們得到一些難得的經驗，交到不錯的朋友，或甚至得到一些啟發，突破某些問題點，找到成功的契機。

潘奕如用自己的生命經驗，告訴我們克服恐懼的三個做法，別讓失敗的恐懼蒙蔽夢想的初心，忘記自己的初衷。人生的焦點不該都擺在別人怎麼看我們，勇敢放手一搏，失敗不可怕，可怕的是，讓恐懼困住的心靈。

## 遇火重生，無欲則剛

有段時間，潘奕如為了自我實現成了工作圈的拚命三郎。她不斷在接工作，完成工作中往返奔波。那天，她工作到半夜三點，早上八點又要進行另一個提案，潘奕如告訴自己：索性不要睡了，就靜待黎明的到來。她望著窗外闃黑的世界，偷得浮生半日閒似的，讓自己有個放空冥想的時間。直到五點多，晨曦初透的亮光讓她覺得光影變化之美。卻在此時，突然聽見有人大喊：「有火災，快跑哦！」

潘奕如趕緊把室友喊叫起來，住在四樓的她們，打開房門卻看見一、二樓已是濃煙密布、烈火熊熊燃起的景象，嚇得她們退守房間，緊閉門扉，讓濃煙不要那麼快竄燒進屋。但是濃煙越來越多，望著窗戶外的鐵窗，潘奕如也只能靜待上天對自己命運的安排，是生抑或是死，已不是自己能控制的事了。

後來，潘奕如獲救了，卻因為吸入不少濃煙，呼吸道產生問題，鼻梁上長了一排紅疹，甚至出現輕微的災後憂鬱症。

這場火災與憂鬱症看起來是潘奕如生命的一場浩劫，卻是她心靈重生的起點。

過去的潘奕如，天天都把工作排滿、生活要有效率，把人生與情緒都繃得很緊張，在不斷追求完美，近乎苛求的日子中自苦自勵。災後，奕如身心與生活的驟變，莫名憂鬱的情緒席捲而來，讓過去自覺陽光樂觀的她，處於身心靈都失衡的狀態。

第一次嘗到永不見天日的黑暗滋味；失去對生活的熱情；遺失對學習的興趣。那時候的潘奕如，只想丟掉所有的東西，不管是舞蹈、戲劇、音樂、旅行，這些平日填滿生活的事情，都無法讓她提起任何興致。後來，她遇見一位很棒的醫生，給潘奕如一個很好的觀念，他告訴奕如說：「憂鬱症就是頭腦感冒了，才會讓妳感覺不到幸福感、安全感、滿足感。」在藥物的幫忙、信仰的力量、不斷與自己的對話之後，潘奕如突然發現負面的情緒漸漸地消失不見了，一如醫生所說的，憂鬱症是頭腦感冒的過程，還是要靠藥物和自己讓病魔盡快離開。

火災的無情，生病的無常，讓潘奕如開始思考自己人生的順序。過去，她把工作當成人生第一也是唯一選項，忽略了夢想的實現、情感的經營、生活的安排的重要。

潘奕如冷靜地說：「我認為火災和生病，是上帝調度萬有、精心策畫給我最重要的生命提醒。歷經火災、憂鬱症的考驗，我應該要更珍惜生命，要過得比從前更好。所以，減量工作，把時間留給自己、留給我愛的人。甚至，必須要讓生活多些空白的沉澱，無欲則剛才能體會純樸快樂、簡單有品的生活滋味。」

## 街頭表演：追夢女伶的赤裸告白

你曾經為夢想轟轟烈烈地瘋過一回嗎？

喜歡旅行的潘奕如，曾經有過一次享受絕然美好的出走，從孤獨的行旅中，體會表演帶來感動的生命經驗。潘奕如愉快地聊起這段經歷：「這個發想很簡單，我因為愛上荷蘭，所以決定舊地重遊，我不想只用旅行的形式，更想結合自己最喜歡也最擅長的表演，於是我決定獻出人生中第一次的街頭表演，把它當成一個特別的禮物，送給我最愛的城市阿姆斯特丹。後來，屏風表演班的一姊劉珊珊也加入了這個計畫，兩位女子就前往歐洲圓夢。」

潘奕如和劉珊珊這兩位追夢女伶，在旅程中邂逅奇人、奇事、奇遇，體現在地旅行與真實人情流轉的感動，重拾表演的勇氣與追夢的熱情。

為什麼會選擇荷蘭？潘奕如笑笑地說：「曾經有過一次歐洲四十五天的自由行，就深深地愛上荷蘭這個國家。說不上那種感覺，旅行其實也是一種緣分，就是走進那個地景，就讓你遇見特別溫暖的人事物，你就認為它是一個命定的地標，非來不可。」

來到荷蘭，進行人生一次全新的挑戰，潘奕如說：「從飯店走到廣場的路上，自己難免還是興起恐懼之感。還好，我有自己一套面對恐懼的三部曲。到了廣場，拿出之前在美術社買來的板子，用毛筆在紙上寫著：我愛阿姆斯特丹，我來自台灣，為了我的夢想，我回來了。然後在這塊板子旁邊，再放上一塊空白的板子，請大家寫下夢想，一起為他們的夢想祈禱，然後我就穿上古裝拿起飄扇大肆起舞。」」

劉珊珊想透過在西方的土地上，嘗試用東方人擅長的書法，當作一個文化交流的媒介，也讓荷蘭的朋友知道，當她們願意站在廣場實現夢想時，就等於替自己和當地人啟動夢想的引擎，希冀透過這樣的方式，分享追夢能量的概念。

只是，預想與真實的情境，恰是迥然不同。她們擺攤好一陣子，攤位前仍是空無一人。層出不窮的狀況在街頭表演中不斷地出現，例如，沒有申請表演證而被警察驅趕等糗事，想像總是美好的，實際做起來卻又充滿挫折感。

後來，奕如和珊珊改弦易轍，決定用免費分享的方式，企圖製造更多交流的機會。果真，當你在價值的衝撞，找到理想與現實的平衡時，精采的故事從中出現。例如，有位母親用英語寫出女兒的名字May時，奕如把她的名字翻譯成「梅」，並告訴她們：梅就是台灣的國花，特性就是越冷越開花，在越艱困的環境，它綻放的花朵越加炫目燦爛。那位媽媽聽完女兒中文名字的意義後，竟然淚流滿面。原來，她的小女兒May是從小飽受病魔折磨的罕見疾病患者，卻因不想讓爸媽擔心而格外堅強，她的生命故事恰好和翻譯後的「梅」字搭配出很巧妙的意義，是這個交會成了彼此最溫暖與珍貴的禮物。一場異鄉的表演，最後反成為溫暖人情的回饋者，玄妙的感動更是旅途中千金難買的緣分。

兩位追夢女伶，實現為夢想出走的勇氣，顛覆旅行與街頭表演的意義，很多事都在旅程中被她們完美的串聯。

## 重整人生的順序

潘奕如善意地提醒我們：「工作、感情、生活，這三個部分都要圓滿，身心靈才會平衡。尤其，無論友情、愛情、親情，每一種相處的模式，表達的方式，都不盡相同，需要用心用情，才能感受彼此間的真正需要。」

《小王子》提到：眼睛看不見事物的本質，要用心才看得見。人生的順序，也是要根據心裡的感覺去調整，任何區塊都要認真經營，不能偏廢。和爸媽相處的時候，就不要想著還有工作待辦；在工作的時候，就不要懊悔沒有時間好好和父母相處。如果，每一個人都能找到心裡的小王子，馴養一隻狐狸，並且愛上一朵玫瑰花，那麼，人生是很無憂無慮的，這種狀態是可以靠自己營造的。只要認真享受活在當下的感覺，只要做好人生順序的安排，就不會陷入情緒糾結和矛盾的困境中。

目前的潘奕如實踐著小王子書中的生活哲學，不論在電視或舞台劇的表演，都能讓觀眾明白，她有多熱愛這份工作。減量工作，不斷地自我精進成長，把生命的體悟展演出來，療癒觀眾受傷的心，讓更多人獲得正向能量，實現自己當年許下帶給觀眾「啟發、感動、快樂」的表演初衷，也成為許多人心靈的支柱。

## 如何說個好故事 TIPS

1. 理清楚自己為什麼要說這個故事的初衷。
2. 要感動別人之前，先讓自己深深的沉浸於那份感動。
3. 一旦想到充滿創意的表達方式，就大膽地執行。
4. 當下不要拘泥於講稿的字字句句，讓能量自由穿梭。

5. 盡全力後放下得失，相信只要讓任何一個人有收穫就圓滿了。

**Jason 的話**

## 潘奕如：表現妳的軟弱

最好的演講是最沒有保留的演講，一般的講者會習於某種形式的表現，或是透過準備，讓自己達到一種準備上場的狀態。然而，過度的練習讓演講的當下過於匠氣，這是我觀察到許多講者常犯的錯誤。因為過度想要表現，所以失去了真誠的溝通。

奕如演講的精采在於她的脆弱。她是一位演員，在舞台懂得如何揮灑自我，表演對她來說不成問題，但是，奕如選擇了面對自己內心的脆弱，這如同在許多成功的ＴＥＤ講者不是用技巧取勝，而是用最真誠的溝通。

國家圖書館出版品預行編目資料

說個好故事，讓世界記住你！：TEDxTaipei 行動夢想家教你用 8 分鐘散播好點子，改變全世界！／許毓仁策畫；宋怡慧採訪撰文. -- 初版. -- 臺北市：平安文化，2017.06
面；　公分. --（平安叢書；第 561 種）(Forward ; 53)
ISBN 978-986-94552-5-1（平裝）

1. 職場成功法 2. 自我實現

494.35　　　　　　106007392

平安叢書第 0561 種
**Forward 53**

**說個好故事，**
**讓世界記住你！**
**TEDxTaipei行動夢想家教你用8分鐘散播好點子，改變全世界！**

策　　畫—許毓仁
採訪撰文—宋怡慧
發 行 人—平雲
出版發行—平安文化有限公司
台北市敦化北路 120 巷 50 號
電話◎ 02-27168888
郵撥帳號◎ 18420815 號
皇冠出版社（香港）有限公司
香港上環文咸東街 50 號寶恒商業中心
23 樓 2301-3 室
電話◎ 2529-1778　傳真◎ 2527-0904
總 編 輯—龔橞甄
責任編輯—陳怡蓁
美術設計—王瓊瑤
著作完成日期— 2017 年 3 月
初版一刷日期— 2017 年 6 月

法律顧問—王惠光律師

讀者服務傳真專線◎ 02-27150507
電腦編號◎ 401053
ISBN ◎ 978-986-94552-5-1
Printed in Taiwan
本書定價◎新台幣 300 元／港幣 100 元